有限元方法基础及武器结构应用

主　编　鲍　雪
副主编　郭策安　王　猛　杨　丽
　　　　刘淑华

北京理工大学出版社
BEIJING INSTITUTE OF TECHNOLOGY PRESS

内 容 简 介

本书以有限元方法的基本原理为主线,简单介绍了有限元方法的概念和发展,重点介绍了有限元方法的基础知识和不同问题的有限元方法,包括弹性力学的基本变量和基本方程、平面应力问题和平面应变问题,平面问题、空间问题、轴对称问题、杆系问题中典型单元的有限元方法。本书结合有限元分析软件介绍有限元数值模拟分析的方法,通过具体案例介绍软件的操作步骤,直观地展现有限元方法理论求解和有限元软件数值模拟分析间的对应关系;同时,针对武器结构的实际问题,结合案例采用有限元分析软件对武器具体结构进行静力学分析。本书本着"实用为主、够用为度"的原则,继承经典内容,注重其与武器专业知识的结合和应用,培养学生运用所学知识分析问题、解决问题的能力,同时培养学生主动思考问题的学习态度,在课程的理论讲解和实践探究中培养学生的学习能力和创新性思维。

本书可作为机械、力学、武器、航空航天、土木工程等相关专业本科生和研究生的有限元课程教材,也可作为相关工程技术人员的参考用书。

图书在版编目（CIP）数据

有限元方法基础及武器结构应用／鲍雪主编.

北京：北京理工大学出版社，2025.1.

ISBN 978-7-5763-4989-4

Ⅰ.TJ02

中国国家版本馆 CIP 数据核字第 2025QM9493 号

责任编辑：张荣君　　**文案编辑：**李　硕
责任校对：刘亚男　　**责任印制：**李志强

出版发行／北京理工大学出版社有限责任公司
社　　址／北京市丰台区四合庄路 6 号
邮　　编／100070
电　　话／（010）68914026（教材售后服务热线）
　　　　　　（010）63726648（课件资源服务热线）
网　　址／http://www.bitpress.com.cn

版 印 次／2025 年 1 月第 1 版第 1 次印刷
印　　刷／唐山富达印务有限公司
开　　本／787 mm×1092 mm　1/16
印　　张／10
字　　数／235 千字
定　　价／72.00 元

有限元方法从最早的"Courant 最小值原理"发展至今，已经成为解决弹塑性力学问题的应用广泛、实用高效的一种数值求解方法。其应用领域从航空航天领域发展到军工武器、土木工程、机械制造、电力电子、水利造船、医学等各领域中，并且解决的问题从弹性力学平面问题拓展到轴对称问题、空间问题、杆梁问题、板壳问题等，从静力学问题拓展到动力学问题，从单一场拓展到耦合场，从材料的线弹性问题拓展到非线性问题，如复合材料等的分析和求解。

在知识体系安排方面，本书以有限元方法的基本原理为主线，从有限元方法的概念和发展入手，深入浅出地介绍了有限元方法的基础知识，通过对平面问题、空间问题、轴对称问题等不同问题中的常用单元进行有限元分析，结合例题使学生掌握不同问题的有限元方法；以大型有限元分析软件的介绍和应用为扩展，结合具体案例的完整操作示范，使学生在理解有限元方法理论的同时掌握有限元理论与有限元分析软件应用间的联系；以武器类专业有限元课程教学为背景，结合武器结构的有限元分析案例进行相关介绍，提高学生解决实际工程问题的能力。

在教学内容创新方面，力求在介绍有限元方法知识点的同时，实现价值塑造、能力培养、知识传授"三位一体"的教学目标；突出"以学生为中心"的理念，培养学生的自主学习能力与团队协作精神，注重培养学生积极向上的乐观精神和自信心；鼓励学生知难而上，传承军工前辈在继承中求创新的精神，激发学生投身军工的家国情怀。本书在适当位置引入二维码，增加仿真结果的原图，丰富教材配套资源。

本书共分为 8 章。第 1 章介绍有限元方法的概念和发展；第 2 章重点阐述弹性力学的基本变量和基本方程及平面应力问题和平面应变问题；第 3 章至第 6 章介绍平面问题、空间问题、轴对称问题和杆系问题的有限元方法，如第 3 章分别以典型的 3 节点三角形平面单元、4 节点矩形平面单元和平面等参数单元为例，阐述利用有限元方法分析问题的过程；第 7 章对有限元分析软件 ANSYS 进行介绍和实例应用讲解；第 8 章针对武器结构中的空间问题和轴对称问题实例给出基于 ANSYS 软件的分析过程。

本书由鲍雪、郭策安、王猛、杨丽、刘淑华编写，全书由鲍雪统稿审定。本书编写过程中，研究生杨松儒、李海波、于济菲同学参与了部分文字校对工作。本书的出版得到了沈阳理工大学本科教材编写项目的资助，在此一并表示衷心感谢。

由于作者水平有限，书中不妥与疏漏之处在所难免，恳请广大读者、专家批评指正。

编　者

目 录

第 1 章
绪 论

 1.1 有限元方法的概念

有限元方法是基于弹性力学基础求解偏微分方程的数值计算方法，是一种求解复杂数学物理问题和工程问题的重要分析方法和有效工具。

有限元方法求解问题的基本思想是，将具有连续性的变形体(这里指弹性体)划分成有限个大小的**单元**，每个单元上选取一定数量的点为**节点**，各个单元在节点处进行连接，这样就将变形体的连续结构转化为离散结构；然后对单元的力学特性进行分析，通过研究单元的位移函数、应变函数、应力函数，基于最小势能原理或虚功原理等能量原理对节点形函数进行求解，从而建立单元的刚度方程，得到节点位移与单元位移、应力、应变间的关系；最后将各单元进行整合获得单元的集合体，建立该集合体的整体刚度方程，进而求解出各单元中节点的未知量。有限元分析的流程如图 1-1 所示。

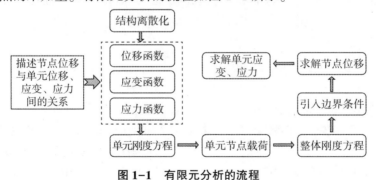

图 1-1 有限元分析的流程

具体的有限元分析步骤如下。

1. 结构离散化

应用有限元方法求解问题时首先要将具有连续性的结构进行离散化处理，将结构分解为有限个单元，这些单元间仅通过有限数量点连接起来形成集合体，使结构的连续无限自由度转化为离散有限自由度。在离散的过程中，分解的单元的数量和形状等决定了离散化模型逼近变形体的程度和精度。

2. 建立单元位移函数

有限元方法中对于单元的描述采用位移函数的表达方式，对单元上各节点的位移设定合适的形函数（即插值函数）来表示单元的位移、应变、应力变量，为后续单元基本方程的求解做准备。因此，节点形函数设定的合理性对于单元位移函数的建立具有非常重要的作用，同时是影响计算求解的精度及效率的重要因素。

3. 单元特性分析

将建立的形函数结合弹性力学中的几何方程、物理方程，分别求解出单元应变矩阵和单元应力矩阵，为建立单元的刚度方程做准备。通过虚功原理或最小势能原理对满足边界条件的形函数进行求解，推导出基于单元应变矩阵及单元应力矩阵表达的单元刚度方程，这是有限元分析步骤中的重点，也是单元特性分析中的核心内容。

4. 确定等效节点载荷

节点载荷由作用在节点上的集中力载荷和作用在非节点上的载荷的等效节点载荷组成。在由单元和节点组成的离散化模型中，载荷只能作用在单元的节点上。因此，将非节点载荷偏移成等效节点载荷至关重要，主要利用静力等效原则或虚功原理将非节点载荷偏移到节点上。单元上的非节点载荷主要有集中力载荷、体积力载荷和面力载荷等，需要把作用在单元边界上的面力，单元上的体积力、集中力等非节点载荷全都偏移到单元的节点上。

5. 建立整体刚度方程

建立整体刚度方程后，由于没有考虑整体变形体的平衡条件，因此整体刚度矩阵是奇异矩阵，无法直接得到方程的解，需要进一步根据结构的位移边界条件和外力边界条件，结合整体刚度方程求解未知节点力，进一步可求解得到单元内的应力、变形等情况。

6. 求解单元各物理量

根据问题给定的位移边界条件和外力边界条件，结合整体刚度方程求解未知节点位移和节点力，进一步可求解得到单元内的应力、位移等情况。

1.2　有限元方法的发展

1943年，德国裔美国籍数学家理查·柯朗特（Richard Courant）第一次运用定义的三角形域上的分片连续函数及最小势能原理，求出了圣维南（Saint-Venant）扭转问题的近似解，并以他的名字命名了"Courant 最小值原理"，这是有限元方法的起源。1950 年，德国科学家 John Argyris 在斯图加特大学创立了计算机应用研究所，他利用最小势能原理建立了结构刚度方程，并针对杆系结构创立了矩阵位移分析方法，该方法被认为是有限元方法的前身。20 世纪 50—60 年代，美国加利福尼亚大学伯克利分校的克劳夫（Clough）等人在分析飞机结构时第一次采用三角形单元来解决结构问题中的平面应力问题，以三角形单元 3 个角顶点的位移作为基本未知量，在此基础上对整个求解域构造分片建立单元位移函数而无须考虑边界条件，同时建立单元节点力和节点位移之间的特性关系，从而用三角形单元求得了平面应力问题的近似解答，并第一次提出 finite element method（有限元方法）的名称。

1967 年，辛克维奇(Olgierd Cecil Zienkiewicz)教授出版了有限元方法方面的专著 *The Finite Element Method in Structural Mechanics*。1969 年，Olgierd Cecil Zienkiewicz 教授创办了第一份关于计算力学的期刊，即《国际工程数值方法杂志》，并提出了等参数单元的概念。20 世纪 60 年代以后，随着计算机硬件技术和软件技术的快速发展，有限元方法的研究和应用迅速发展，越来越多的数学家、科研工作者对有限元方法进行了更深入的研究。

有限元方法是结构分析中必不可少的工具，经过大量深入的研究，其应用范围迅速扩展到固体力学以外的流体力学、空气动力学、传热学、电磁学等科学领域中，解决的问题从弹性力学的平面问题拓展到轴对称问题、空间问题、杆梁问题、板壳问题等，从静力学问题拓展到动力学问题，从单一场拓展到耦合场，从材料的线弹性问题拓展到非线性问题，如复合材料等的分析和求解。

目前，有限元方法已成为分析复杂工程问题的一种应用广泛、实用高效的方法，其具有以下优点。

(1)有限元方法的应用范围广，可用于实际工程中各种复杂形状变形体的结构分析、流场分析、电磁场分析、温度场分析、耦合场分析等。

(2)原始连续介质具有无限自由度不适用于在计算机上求解，采用具有有限个单元的离散化模型使结构位移分解为节点位移，取节点位移和节点力为未知量进行处理，未知量的数量是有限的，适用于在计算机上求解。

(3)可以求解变形体线性的小变形问题及材料非线性、几何非线性的大变形问题。把一个原来是连续的物体划分为有限个单元，这些单元通过有限个节点彼此连接，要求每个节点的节点载荷和实际载荷等效，对每个单元根据力的平衡条件进行分析，最后根据变形协调条件把这些有限单元重新组合成能够综合求解的整体。

(4)随着计算机技术和有限元理论的发展和完善，已经开发出许多有限元分析软件。这些有限元分析软件可以更快速、更有效地解决复杂的实际问题，除了可进行结构的静力学分析、动力学分析、非线性分析等力学分析，还可进行流体力学、传热学、电磁学等的多体耦合分析及结构优化等。

因此，随着有限元理论的成熟、计算机技术及有限元分析软件的快速发展，有限元方法必将在各个领域发挥更积极的作用。

第 2 章
有限元方法的基础知识

 ## 2.1 引　言

　　有限元方法是求解各种复杂数学物理问题的重要方法，是处理各种复杂工程问题的重要分析手段，是进行科学研究的重要手段，它相当于代替实物试验的"虚拟试验"。

　　材料力学和结构力学的研究对象是简单形状变形体，该变形体具有小变形和简单形状的特征。例如，梁、杆、柱等结构的应力、位移和变形问题通过材料力学知识可以得到解决；桁架、刚架等杆系结构的应力、位移和变形问题通过结构力学知识可以得到解决。而对于各种复杂形状变形体（如平面、空间、板、壳等结构），其应力、位移和变形问题则无法通过材料力学知识和结构力学知识得到解决。

　　弹性力学（又称弹性理论）及弹塑性力学的研究对象是复杂形状变形体，具有小变形（或大变形）和任意复杂形状的特征。弹性力学是研究物体在外部因素（如外力、温度变化等）作用下产生的应力、应变及位移规律的一门科学。也就是说，当已知弹性体的形状、物理性质、受力情况和边界条件时，即可确定其任一点的应力、应变状态和位移。弹性力学是大型工程结构分析重要手段（即有限元方法）的基础理论支撑。弹塑性力学在弹性力学基础上，对材料特性的基本假设进行了放松，例如，材料在连续性假设中由无空隙的物体变成带微空隙的物体，材料的小变形假设变成大变形及几何非线性变形假设。有限元方法重在处理不能以材料力学和结构力学为基础来描述物体变形的情况，它以复杂形状变形体为研究对象，求解其弹性力学和弹塑性力学方面问题。

　　本章以弹性力学为主，讨论复杂形状变形体的力学变量和变量描述间的关系，为后续应用有限元方法求解线弹性问题提供理论基础。下面先给出弹性力学中几个重要变量的名词解释。

　　1. 应力

　　如图 2-1 所示，变形体体内的微小正六面体称为**微小体元**或**微元体**。变形体在外力作用下，其内部各部分间将产生内力，单位面积上所受的内力称为应力。对于空间问题，每个截面上的应力可分解为 1 个与截面垂直的正应力（用符号 σ 表示）和 2 个在截面内的剪应

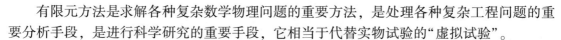

力(用符号 τ 表示)，分别与 3 个坐标轴平行，微元体的应力分量表示如图 2-2 所示。取出变形体内部的微元体表示为 $\mathrm{d}x\mathrm{d}y\mathrm{d}z$。应力由 6 个沿 x、y、z 轴的应力分量组成，按一定顺序排列后微元体的应力表示为 $\boldsymbol{\sigma}=\begin{bmatrix} \sigma_{xx} & \sigma_{yy} & \sigma_{zz} & \tau_{xy} & \tau_{yz} & \tau_{zx} \end{bmatrix}^{\mathrm{T}}$。

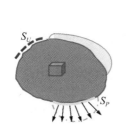 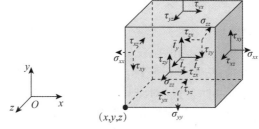

图 2-1　变形体描述　　　　　图 2-2　空间问题的微元体的应力分量

规定应力标识的表示方式为：正应力分量 σ_{xx} 表示受力面的法线方向为 x 轴(第一个下标)、力的方向为 x 轴(第二个下标)的正应力，剪应力分量 τ_{xy} 表示受力面的法线方向为 x 轴(第一个下标)、力的方向为 y 轴(第二个下标)的剪应力。

规定应力方向的表示方式为：弹性力学中应力、应变的概念与材料力学中的完全相同，但在应力的正负号规定方面有所不同。

在材料力学中规定正应力的方向以拉应力方向为正(即拉为正、压为负)，剪应力的方向以对截面附近物体内一点取矩时产生顺时针方向力矩的剪应力方向为正，反之为负。在弹性力学中规定在微元体的正表面上正应力(或剪应力)作用方向与坐标轴的正方向一致为正，在微元体的负表面上正应力(或剪应力)作用方向与坐标轴的负方向一致为正(即正正得正、负负得正)。

2. 应变

应变分为正应变和剪应变两类。当物体受力变形时，不仅微元体的各棱边长度会随之改变，各棱边间的夹角也要发生变化。任一线段的长度变化与原长度的比值即长度的相对变化量，称为正应变(或线应变)，用符号 ε 来表示。规定：当线段伸长时其正应变为正；反之，当线段缩短时，其正应变为负，与正应力的正负号规定相对应。任意两个原来彼此正交的线段变形后，其夹角的变化值即角度的相对变化量，称为剪应变(或角应变)，用符号 γ 来表示。规定当夹角变小时其剪应变为正，反之为负，与剪应力的正负号规定相对应。

以平面问题为例，变形体内任一点的应变分量表示为 $\begin{bmatrix} \varepsilon_{xx} & \varepsilon_{yy} & \gamma_{xy} \end{bmatrix}^{\mathrm{T}}$。对于空间问题，应变由 6 个沿 x、y、z 轴的应变分量组成，按一定顺序排列后微元体的应变表示为 $\boldsymbol{\varepsilon}=\begin{bmatrix} \varepsilon_{xx} & \varepsilon_{yy} & \varepsilon_{zz} & \gamma_{xy} & \gamma_{yz} & \gamma_{zx} \end{bmatrix}^{\mathrm{T}}$。

3. 位移

变形体内任一点在外力作用下移动的位置称为位移。位移分为线位移和角位移两类，任一点移动的直线距离称为线位移，任一线段或截面转动的角度称为角位移。对于空间问题，位移由 3 个沿 x、y、z 轴的位移分量组成，微元体的位移表示为 $\begin{bmatrix} u & v & w \end{bmatrix}^{\mathrm{T}}$。

2.2 弹性力学的基本变量和基本方程

2.2.1 基本假设

为了简化计算、便于数学分析，常将弹性力学所研究的对象视为理想变形体，因此，需要对变形体进行适当的假设。

对变形体的几何形状假设：若变形体为简单几何形状，则建模时采用基于拉伸、弯曲、扭转的特征方式直接对结构进行整体建模，并通过线性方程或低阶微分方程进行求解；若变形体为复杂几何形状，则建模时假设变形体为若干个微元体组成的任意复杂几何形状，并通过建立通用的基本力学方程求解偏微分方程。

对变形体的材料属性假设：假设材料属性时需要对结构的连续性、均匀性、各向同性等方面进行基本假设，假设的目的是将可能出现的结构非线性问题简化为线性问题，如表 2-1 所示。

表 2-1 变形体的基本假设

基本假设	内容	作用	若无假设
连续性	物体中无空隙	可采用连续函数进行描述	带微小空隙的物质
均匀性	物体由同一种材料组成，材料特征相同	材料在物体内各个位置的描述相同	非均匀材料、多材料变形体
各向同性	物体内同一点的各个方向力学特性相同	材料在同一点处的各个方向描述相同	各向异性
完全弹性	物体在无外力作用后可恢复变形前位置	描述物体材料性质的方程是线性的	弹塑性
小变形	变形量远小于物体的几何尺寸	可忽略方程中高阶小量	大变形、材料非线性问题

描述变形体的基本方程包括平衡微分方程、几何变形方程和物理本构方程。其中，平衡微分方程描述的是变形体的应力与外力间的关系；几何变形方程描述的是变形体的位移与应变之间的几何关系；物理本构方程描述的是变形体的应力和应变之间的物理关系。

弹性力学中基本变量和基本方程间的关系如图 2-3 所示。

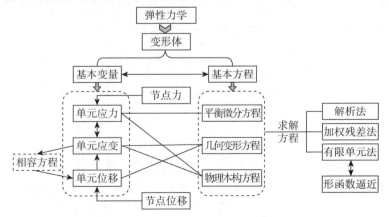

图 2-3 弹性力学中基本变量和基本方程间的关系

下面以平面问题为例，推导并建立描述变形体的基本方程。

▶▶▌2.2.2　平衡微分方程 ▶▶▶▶

在静力学中对于平面任意力系的平衡问题，通常由 3 个平衡条件推导平衡微分方程。对处于平衡状态的变形体而言，从体内任一位置取出微元体即可建立平衡微分方程。平衡微分方程描述的是变形体的应力与外力间的关系。

对于二维平面问题，变形体内部的微元体表示为 $dxdy\_t$，微元体在 x 轴和 y 轴方向的增量分别为 dx 和 dy，体积力均匀分布且作用在微元体的体积中心，x 轴和 y 轴方向的体积力分别表示为 $\bar{t}_x$ 和 $\bar{t}_y$（z 轴方向无体积力，这类问题即平面应力问题），各应力分量如图 2-4 所示。假定各面上所受的应力均匀分布且作用在各面的中心，体积力也均匀分布且作用在微元体的体积中心。

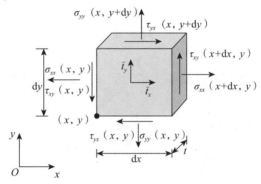

图 2-4　二维平面问题的应力分量

在图 2-4 所示的微元体描述中，以增量 $\sigma_{yy}(x, y + dy)$ 为例进行泰勒级数展开，得到

$$\sigma_{yy}(x, y + dy) = \sigma_{yy}(x, y) + \frac{\partial \sigma_{yy}(x, y)}{\partial y}dy + \frac{\partial^2 \sigma_{yy}(x, y)}{\partial y^2}dy^2 + \frac{\partial^3 \sigma_{yy}(x, y)}{\partial y^3}dy^3 + \cdots$$

$$(2-1)$$

再忽略二阶以上的增量，得到

$$\sigma_{yy}(x, y + dy) = \sigma_{yy}(x, y) + \frac{\partial \sigma_{yy}(x, y)}{\partial y}dy \qquad (2-2)$$

以此类推，得到其他增量的泰勒级数展开的低阶形式为

$$\sigma_{xx}(x + dx, y) = \sigma_{xx}(x, y) + \frac{\partial \sigma_{xx}(x, y)}{\partial x}dx \qquad (2-3)$$

$$\tau_{yx}(x, y + dy) = \tau_{yx}(x, y) + \frac{\partial \tau_{yx}(x, y)}{\partial y}dy \qquad (2-4)$$

$$\tau_{xy}(x + dx, y) = \tau_{xy}(x, y) + \frac{\partial \tau_{xy}(x, y)}{\partial x}dx \qquad (2-5)$$

建立平面力系的合力平衡方程（$\sum F_x = 0$，$\sum F_y = 0$，$\sum M_O = 0$），以 x 轴方向的合力为例（$\sum F_x = 0$）进行推导，则有

$$\sigma_{xx}(x + dx, y) \cdot dy \cdot t - \sigma_{xx}(x, y) \cdot dy \cdot t + \tau_{yx}(x, y + dy) \cdot dx \cdot t - \tau_{yx}(x, y) \cdot dx \cdot t + \bar{t}_x dxdy \cdot t = 0$$

$$(2-6)$$

将式(2-3)、式(2-4)代入式(2-6)，有

$$\left[\sigma_{xx}(x, y) + \frac{\partial \sigma_{xx}(x, y)}{\partial x}dx\right]dy \cdot t - \sigma_{xx}(x, y) \cdot dy \cdot t +$$

$$\left[\tau_{yx}(x, y) + \frac{\partial \tau_{yx}(x, y)}{\partial y}dy\right]dx \cdot t - \tau_{yx}(x, y) \cdot dx \cdot t + \bar{t}_x dxdy \cdot t = 0 \tag{2-7}$$

整理后得到

$$\frac{\partial \sigma_{xx}(x, y)}{\partial x} + \frac{\partial \tau_{yx}(x, y)}{\partial y} + \bar{t}_x = 0 \tag{2-8}$$

同理，由 y 轴方向的合力为0，有 $\sum F_y = 0$，整理得（推导过程略）

$$\frac{\partial \sigma_{yy}(x, y)}{\partial y} + \frac{\partial \tau_{xy}(x, y)}{\partial x} + \bar{t}_y = 0 \tag{2-9}$$

由合力矩为0，有 $\sum M_O = 0$，整理有（推导过程略）

$$\tau_{xy} = \tau_{yx} \tag{2-10}$$

式(2-10)表示在微元体的不同侧面，指向同一条边的两个剪应力大小相等，这就是**剪应力互等定理**。

因此，推导出平面问题的平衡微分方程为

$$\begin{cases} \dfrac{\partial \sigma_{xx}(x, y)}{\partial x} + \dfrac{\partial \tau_{yx}(x, y)}{\partial y} + \bar{t}_x = 0 \\ \dfrac{\partial \sigma_{yy}(x, y)}{\partial y} + \dfrac{\partial \tau_{xy}(x, y)}{\partial x} + \bar{t}_y = 0 \end{cases} \tag{2-11}$$

用相同的方法，可推导出空间问题的剪应力互等定理表示为

$$\tau_{xy} = \tau_{yx}, \ \tau_{yz} = \tau_{zy}, \ \tau_{zx} = \tau_{xz} \tag{2-12}$$

空间问题的平衡微分方程为

$$\begin{cases} \dfrac{\partial \sigma_{xx}(x, y, z)}{\partial x} + \dfrac{\partial \tau_{yx}(x, y, z)}{\partial y} + \dfrac{\partial \tau_{zx}(x, y, z)}{\partial z} + \bar{t}_x = 0 \\ \dfrac{\partial \sigma_{yy}(x, y, z)}{\partial y} + \dfrac{\partial \tau_{xy}(x, y, z)}{\partial x} + \dfrac{\partial \tau_{zy}(x, y, z)}{\partial z} + \bar{t}_y = 0 \\ \dfrac{\partial \sigma_{zz}(x, y, z)}{\partial z} + \dfrac{\partial \tau_{yz}(x, y, z)}{\partial y} + \dfrac{\partial \tau_{xz}(x, y, z)}{\partial x} + \bar{t}_z = 0 \end{cases} \tag{2-13}$$

▶▶▶ 2.2.3 几何变形方程 ▶▶▶

变形体在受外力以后将发生变形，变形状态一般用各点的位移和各微元体的应变两种方式来描述。几何变形方程描述的是变形体的位移与应变之间的几何关系。以平面问题为例，对变形体内任一点的位移分量，用其在 x 轴和 y 轴上对应的投影分量来表示，即 $\begin{bmatrix} u & v \end{bmatrix}^{\mathrm{T}}$。

1. 正应变

以在 xOy 平面上的矩形面 $ABCD$ 为变形微元体，各点坐标为 $A(x, y)$、$B(x + dx, y)$、$D(x, y + dy)$、$C(x + dx, y + dy)$，经小变形后得到面 $A'B'C'D'$，如图 2-5 所示。

变形前微元体在 x 轴和 y 轴方向的长度分别为

$$AB = \mathrm{d}x, \quad AD = \mathrm{d}y$$

变形后微元体中 A' 点在 x 轴和 y 轴方向的位移分量分别为 u 和 v，B' 点在 x 轴和 y 轴方向的位移分量用泰勒级数展开式表示为

$$u_{B'} = u + \frac{\partial u}{\partial x}\mathrm{d}x + \frac{1}{2!}\frac{\partial^2 u}{\partial x^2}(\mathrm{d}x)^2 + \cdots$$

$$v_{B'} = v + \frac{\partial v}{\partial x}\mathrm{d}x + \frac{1}{2!}\frac{\partial^2 v}{\partial x^2}(\mathrm{d}x)^2 + \cdots$$

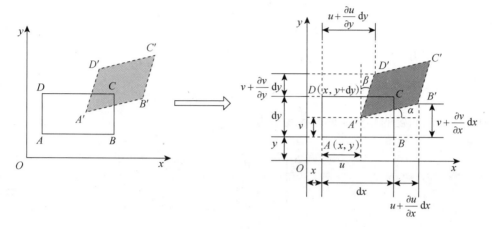

图 2-5　平面问题的应变

忽略高阶小量，B' 点的位移分量分别为

$$u_{B'} = u + \frac{\partial u}{\partial x}\mathrm{d}x, \quad v_{B'} = v + \frac{\partial v}{\partial x}\mathrm{d}x$$

同理，可得 D' 点的位移分量分别为

$$u_{D'} = u + \frac{\partial u}{\partial y}\mathrm{d}y, \quad v_{D'} = v + \frac{\partial v}{\partial y}\mathrm{d}y$$

由此，变形后微元体在 x 轴和 y 轴方向的长度分别为

$$A'B' = \mathrm{d}x + \left(u + \frac{\partial u}{\partial x}\mathrm{d}x\right) - u = \mathrm{d}x + \frac{\partial u}{\partial x}\mathrm{d}x$$

$$A'D' = \mathrm{d}y + \left(v + \frac{\partial v}{\partial y}\mathrm{d}y\right) - v = \mathrm{d}y + \frac{\partial v}{\partial y}\mathrm{d}y$$

整理得，微元体在 x 轴方向的正应变分量为

$$\varepsilon_{xx} = \frac{A'B' - AB}{AB} \approx \frac{\frac{\partial u}{\partial x}\mathrm{d}x}{\mathrm{d}x} = \frac{\partial u}{\partial x} \tag{2-14}$$

在 y 轴方向的正应变分量为

$$\varepsilon_{yy} = \frac{A'D' - AD}{AD} \approx \frac{\frac{\partial v}{\partial y}\mathrm{d}y}{\mathrm{d}y} = \frac{\partial v}{\partial y} \tag{2-15}$$

2. 剪应变

在图 2-4 所示 xOy 平面上，物体发生小变形后夹角的变化量称为剪应变，用 γ_{xy} 表

示。当变形体满足小变形的前提条件时，有 $\alpha \approx \tan \alpha$，$\beta \approx \tan \beta$。

微元体在 x 轴方向的剪应变分量为

$$\alpha \approx \tan \alpha = \frac{\left(v + \dfrac{\partial v}{\partial x}\mathrm{d}x\right) - v}{\mathrm{d}x} = \frac{\partial v}{\partial x} \tag{2-16}$$

在 y 轴方向的剪应变分量为

$$\beta \approx \tan \beta = \frac{\left(u + \dfrac{\partial u}{\partial y}\mathrm{d}y\right) - u}{\mathrm{d}y} = \frac{\partial u}{\partial y} \tag{2-17}$$

则平面内剪应变为

$$\gamma_{xy} = \alpha + \beta = \frac{\partial v}{\partial x} + \frac{\partial u}{\partial y} \tag{2-18}$$

因此，平面问题的几何变形方程表示为

$$\begin{cases} \varepsilon_{xx} = \dfrac{\partial u}{\partial x} \\[2mm] \varepsilon_{yy} = \dfrac{\partial v}{\partial y} \\[2mm] \gamma_{xy} = \dfrac{\partial v}{\partial x} + \dfrac{\partial u}{\partial y} \end{cases} \tag{2-19}$$

对于空间问题，几何变形方程表示为

$$\begin{cases} \varepsilon_{xx} = \dfrac{\partial u}{\partial x} \\[2mm] \varepsilon_{yy} = \dfrac{\partial v}{\partial y} \\[2mm] \varepsilon_{zz} = \dfrac{\partial w}{\partial z} \\[2mm] \gamma_{xy} = \dfrac{\partial v}{\partial x} + \dfrac{\partial u}{\partial y} \\[2mm] \gamma_{yz} = \dfrac{\partial w}{\partial y} + \dfrac{\partial v}{\partial z} \\[2mm] \gamma_{zx} = \dfrac{\partial u}{\partial z} + \dfrac{\partial w}{\partial x} \end{cases} \tag{2-20}$$

类似于剪应力互等定理，剪应变也满足剪应变互等定理，即

$$\gamma_{xy} = \gamma_{yx}, \ \gamma_{yz} = \gamma_{zy}, \ \gamma_{zx} = \gamma_{xz} \tag{2-21}$$

例 2-1 已知一平面变形体的位移分量为

$$\begin{cases} u = 2x^2 + y^2 - 5xy + 4 \\ v = 3y^2 + x - 2y + 8 \end{cases}$$

求该变形体的应变。

解： 由平面问题的几何变形方程可得

$$\begin{cases} \varepsilon_{xx} = \dfrac{\partial u}{\partial x} = 4x - 5y \\[2mm] \varepsilon_{yy} = \dfrac{\partial v}{\partial y} = 6y - 2 \\[2mm] \gamma_{xy} = \dfrac{\partial v}{\partial x} + \dfrac{\partial u}{\partial y} = 1 + 2y - 5x \end{cases}$$

3. 变形协调方程

以空间问题为例，由式(2-20)可看出 6 个应变分量 ε_{xx}、ε_{yy}、ε_{zz}、γ_{xy}、γ_{yz}、γ_{zx} 可通过 3 个位移分量 u、v、w 表示，即应变分量是位移分量的函数，说明这 6 个应变分量互不相关，是独立的。

因此，从数学意义上讲，如果已知 6 个应变分量，就可以求解出 3 个位移分量，但方程组个数大于未知量个数，说明方程间可能出现矛盾。也就是说，对于假定材料是连续分布且无裂隙的物体，其位移分量应是单值连续函数，即当物体发生形变时，物体内的每一点都有确定的位移，同一点不可能有两个不同的位移。从物理意义上讲，变形体在变形前后均应保持连续性，但 6 个应变分量如果独立，则说明变形后不能使变形体仍保持连续性，可能会出现断裂或重叠现象。因而，这 6 个应变分量并不是互不相关的，它们之间必然存在着一定的内在关系，需要找到应变分量间满足的连续性关系(即变形协调条件)，从而保证变形体变形前后的连续性，把满足变形协调条件的方程称为**变形协调方程**或**相容方程**。

在求解具体问题时，若先已知位移分量，再通过几何变形方程求出应变，此时无须变形协调方程参与；若先已知应力分量，再通过物理本构方程求出应变，此时的应变分量必须满足变形协调方程，否则求解出的位移将不唯一。

对于式(2-20)中的前 3 个方程

$$\varepsilon_{xx} = \frac{\partial u}{\partial x}, \quad \varepsilon_{yy} = \frac{\partial v}{\partial y}, \quad \varepsilon_{zz} = \frac{\partial w}{\partial z}$$

分别推导 3 个平面上各自应变分量间的关系式，如 xOy 平面上应变分量 ε_{xx}、ε_{yy} 分别对 y、x 求二阶偏导数，即

$$\frac{\partial^2 \varepsilon_{xx}}{\partial y^2} + \frac{\partial^2 \varepsilon_{yy}}{\partial x^2} = \frac{\partial^3 u}{\partial x \partial y^2} + \frac{\partial^3 v}{\partial y \partial x^2} = \frac{\partial^2}{\partial x \partial y}\left(\frac{\partial u}{\partial y} + \frac{\partial v}{\partial x}\right) = \frac{\partial^2 \gamma_{xy}}{\partial x \partial y} \tag{2-22}$$

由上式可知应变分量 ε_{xx}、ε_{yy} 和 γ_{xy} 间的关系，将 3 个平面上各自应变分量间的关系整理成方程组形式表示为

$$\begin{cases} \dfrac{\partial^2 \varepsilon_{xx}}{\partial y^2} + \dfrac{\partial^2 \varepsilon_{yy}}{\partial x^2} = \dfrac{\partial^2 \gamma_{xy}}{\partial x \partial y} \\[3mm] \dfrac{\partial^2 \varepsilon_{yy}}{\partial z^2} + \dfrac{\partial^2 \varepsilon_{zz}}{\partial y^2} = \dfrac{\partial^2 \gamma_{yz}}{\partial y \partial z} \\[3mm] \dfrac{\partial^2 \varepsilon_{zz}}{\partial x^2} + \dfrac{\partial^2 \varepsilon_{xx}}{\partial z^2} = \dfrac{\partial^2 \gamma_{zx}}{\partial z \partial x} \end{cases} \tag{2-23}$$

对于式(2-20)中的后 3 个方程

$$\begin{cases} \gamma_{xy} = \dfrac{\partial v}{\partial x} + \dfrac{\partial u}{\partial y} \\[2mm] \gamma_{yz} = \dfrac{\partial w}{\partial y} + \dfrac{\partial v}{\partial z} \\[2mm] \gamma_{zx} = \dfrac{\partial u}{\partial z} + \dfrac{\partial w}{\partial x} \end{cases} \tag{2-24}$$

推导不同平面上应变分量间的关系，将 γ_{xy}、γ_{yz}、γ_{zx} 分别对 z、x、y 求偏导数得

$$\begin{cases} \dfrac{\partial \gamma_{xy}}{\partial z} = \dfrac{\partial^2 v}{\partial x \partial z} + \dfrac{\partial^2 u}{\partial y \partial z} \\[2mm] \dfrac{\partial \gamma_{yz}}{\partial x} = \dfrac{\partial^2 w}{\partial y \partial x} + \dfrac{\partial^2 v}{\partial z \partial x} \\[2mm] \dfrac{\partial \gamma_{zx}}{\partial y} = \dfrac{\partial^2 u}{\partial z \partial y} + \dfrac{\partial^2 w}{\partial x \partial y} \end{cases} \tag{2-25}$$

为消去位移分量项，先将式(2-25)中后两式相加、减去第一式，再求对 z 的偏导数，即

$$\frac{\partial}{\partial z}\left(\frac{\partial \gamma_{yz}}{\partial x} + \frac{\partial \gamma_{zx}}{\partial y} - \frac{\partial \gamma_{xy}}{\partial z} \right) = 2\frac{\partial^3 w}{\partial x \partial y \partial z} = 2\frac{\partial^2 \varepsilon_{zz}}{\partial x \partial y} \tag{2-26}$$

同样，可得到另外两个关系式，并整理成方程组，即为空间问题几何变形方程的变形协调方程：

$$\begin{cases} \dfrac{\partial^2 \varepsilon_{xx}}{\partial y^2} + \dfrac{\partial^2 \varepsilon_{yy}}{\partial x^2} = \dfrac{\partial^2 \gamma_{xy}}{\partial x \partial y} \\[3mm] \dfrac{\partial^2 \varepsilon_{yy}}{\partial z^2} + \dfrac{\partial^2 \varepsilon_{zz}}{\partial y^2} = \dfrac{\partial^2 \gamma_{yz}}{\partial y \partial z} \\[3mm] \dfrac{\partial^2 \varepsilon_{zz}}{\partial x^2} + \dfrac{\partial^2 \varepsilon_{xx}}{\partial z^2} = \dfrac{\partial^2 \gamma_{zx}}{\partial z \partial x} \\[3mm] \dfrac{\partial}{\partial z}\left(\dfrac{\partial^2 \gamma_{yz}}{\partial x} + \dfrac{\partial^2 \gamma_{zx}}{\partial y} - \dfrac{\partial^2 \gamma_{xy}}{\partial z} \right) = 2\dfrac{\partial^2 \varepsilon_{zz}}{\partial x \partial y} \\[3mm] \dfrac{\partial}{\partial x}\left(\dfrac{\partial^2 \gamma_{zx}}{\partial y} + \dfrac{\partial^2 \gamma_{xy}}{\partial z} - \dfrac{\partial^2 \gamma_{yz}}{\partial x} \right) = 2\dfrac{\partial^2 \varepsilon_{xx}}{\partial y \partial z} \\[3mm] \dfrac{\partial}{\partial y}\left(\dfrac{\partial^2 \gamma_{xy}}{\partial z} + \dfrac{\partial^2 \gamma_{yz}}{\partial x} - \dfrac{\partial^2 \gamma_{zx}}{\partial y} \right) = 2\dfrac{\partial^2 \varepsilon_{yy}}{\partial z \partial x} \end{cases} \tag{2-27}$$

▶▶▶ 2.2.4 物理本构方程 ▶▶▶

平衡微分方程和几何变形方程分别从静力学和几何学两个方面研究了变形体的应力和变形，这种分析适用任何微小变形的连续性物体，所得出的结论与变形体的物理性质无关。然而，仅有这些方程不足以解决变形体内的应力和应变问题，还须进一步用物理本构方程描述变形体的应力和应变之间的物理关系。

任何物体在力的作用下都会产生变形。对于一维问题，即物体满足弹性范围内的单向拉伸或压缩问题，在材料的应变小于弹性比例极限的前提下，应力和应变之间的关系是线

弹性关系,两者满足胡克定律。对于各向同性的弹性体问题,其应力分量和应变分量之间为线性关系(正是物理本构方程讨论的内容),将胡克定律向三维空间延伸讨论弹性体在3个坐标轴方向的应力分量、应变分量及它们间的关系,即广义**胡克定律**。

主方向上的拉伸满足 $\varepsilon_{xx} = \dfrac{\sigma_{xx}}{E}$,与主方向垂直的方向上的压缩满足 $\varepsilon_{yy} = -\mu\varepsilon_{xx}$。其中,$E$ 为弹性模量(又称杨氏模量),μ 为泊松比。

对于平面问题,即物体满足弹性范围内的双向拉伸或压缩问题,正应力与正应变有关而与剪应变无关,剪应力只与剪应变有关,应力的合成符合叠加原理。

当 x 轴方向为主拉伸而 y 轴方向压缩时,在主应力 σ_{xx} 的作用下,x 轴方向的应变为

$$\varepsilon_{xx} = \frac{\sigma_{xx}}{E} \tag{2-28}$$

y 轴方向的应变为

$$\varepsilon_{yy} = -\mu\frac{\sigma_{xx}}{E} \tag{2-29}$$

当 y 轴方向为主拉伸而 x 轴方向压缩时,在主应力 σ_{yy} 的作用下,x 轴方向的应变为

$$\varepsilon_{xx} = -\mu\frac{\sigma_{yy}}{E} \tag{2-30}$$

y 轴方向的应变为

$$\varepsilon_{yy} = \frac{\sigma_{yy}}{E} \tag{2-31}$$

在剪应力的作用下,有

$$\gamma_{xy} = \frac{1}{G}\tau_{xy} \tag{2-32}$$

式中,剪切弹性模量 $G = \dfrac{E}{2(1+\mu)}$。

由式(2-28)~式(2-32)推导出基于用应力分量表示应变分量的平面问题物理本构方程表示为

$$\begin{cases} \varepsilon_{xx} = \dfrac{1}{E}(\sigma_{xx} - \mu\sigma_{yy}) \\[2mm] \varepsilon_{yy} = \dfrac{1}{E}(\sigma_{yy} - \mu\sigma_{xx}) \\[2mm] \gamma_{xy} = \dfrac{1}{G}\tau_{xy} \end{cases} \tag{2-33}$$

若用应变分量表示应力分量,则平面问题物理本构方程表示为

$$\begin{cases} \sigma_{xx} = \dfrac{E}{1-\mu^2}(\varepsilon_{xx} + \mu\varepsilon_{yy}) \\[2mm] \sigma_{yy} = \dfrac{E}{1-\mu^2}(\varepsilon_{yy} + \mu\varepsilon_{xx}) \\[2mm] \tau_{xy} = G\gamma_{xy} \end{cases} \tag{2-34}$$

空间问题的物理本构方程(即广义胡克定律)表示为

$$
\begin{cases}
\varepsilon_{xx} = \dfrac{1}{E}\left[\sigma_{xx} - \mu(\sigma_{yy} + \sigma_{zz})\right] \\[2mm]
\varepsilon_{yy} = \dfrac{1}{E}\left[\sigma_{yy} - \mu(\sigma_{xx} + \sigma_{zz})\right] \\[2mm]
\varepsilon_{zz} = \dfrac{1}{E}\left[\sigma_{zz} - \mu(\sigma_{xx} + \sigma_{yy})\right] \\[2mm]
\gamma_{xy} = \dfrac{1}{G}\tau_{xy} \\[2mm]
\gamma_{yz} = \dfrac{1}{G}\tau_{yz} \\[2mm]
\gamma_{zx} = \dfrac{1}{G}\tau_{zx}
\end{cases}
\tag{2-35}
$$

例 2-2　已知一变形体的应力分量为 $\sigma_{xx} = 300\ \mathrm{MPa}$，$\sigma_{yy} = 120\ \mathrm{MPa}$，$\tau_{xy} = 30\ \mathrm{MPa}$，变形体材料的弹性模量为 $E = 210\ \mathrm{GPa}$，泊松比为 $\mu = 0.3$。

试利用平面问题的物理本构方程求出该变形体的应变分量。

解： 由平面问题的物理本构方程可得

$$
\begin{cases}
\varepsilon_{xx} = \dfrac{1}{E}(\sigma_{xx} - \mu\sigma_{yy}) = \left[\dfrac{1}{210 \times 10^3} \times (300 - 0.3 \times 120)\right]\ \mathrm{MPa} = 1.257 \times 10^{-3}\ \mathrm{MPa} \\[3mm]
\varepsilon_{yy} = \dfrac{1}{E}(\sigma_{yy} - \mu\sigma_{xx}) = \left[\dfrac{1}{210 \times 10^3} \times (120 - 0.3 \times 300)\right]\ \mathrm{MPa} = 0.143 \times 10^{-3}\ \mathrm{MPa} \\[3mm]
\gamma_{xy} = \dfrac{1}{G}\tau_{xy} = \dfrac{2(1+\mu)}{E}\tau_{xy} = \left[\dfrac{2 \times (1+0.3)}{210 \times 10^3} \times 30\right]\ \mathrm{MPa} = 0.371 \times 10^{-3}\ \mathrm{MPa}
\end{cases}
$$

▶▶▶ 2.2.5　边界条件 ▶▶▶▶

若变形体在外力的作用下处于平衡状态，则平衡微分方程只能保证变形体内部各点的平衡条件，即变形体内部的描述。而对于变形体边界上的点，其既受到来自变形体内相邻部分的作用，又受到外部载荷的作用，所以只有当应力分量与外部载荷满足一定的条件时，变形体边界上的点才能处于平衡状态，这样的条件称为变形体**边界条件**，即变形体外部的描述。边界条件包括应力边界条件 S_P 和位移边界条件 S_U，有时应力边界条件和位移边界条件也会同时存在，称为混合边界条件。边界条件满足 $S_U \cup S_P = \Omega$，$S_U \cap S_P = \varnothing$。边界条件的描述如图 2-6 所示，图中 $\mathrm{d}s$ 为边界上斜边的长度，n 为边界的外法线方向。

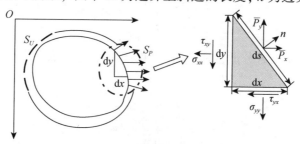

图 2-6　边界条件的描述

　　应力边界条件描述的是变形体边界上的面力分量和应力分量间的关系，即用已知的面力分量来表示应力分量的函数。

　　对于平面问题，在力的边界上取微元体 $\mathrm{d}x\mathrm{d}y\_t$，n_x、n_y 分别为边界面外法线方向的方向余弦，表示为

$$n_x = \mathrm{d}y/\mathrm{d}s，\quad n_y = \mathrm{d}x/\mathrm{d}s \tag{2-36}$$

　　对于边界微元面的 x 轴和 y 轴方向的合力平衡有

$$\begin{cases} \sigma_{xx} \cdot n_x + \tau_{yx} \cdot n_y = \overline{P}_x \\ \sigma_{yy} \cdot n_y + \tau_{xy} \cdot n_x = \overline{P}_y \end{cases} \tag{2-37}$$

　　对于空间问题，应力边界条件为

$$\begin{cases} \sigma_{xx} \cdot n_x + \tau_{yx} \cdot n_y + \tau_{zx} \cdot n_z = \overline{P}_x \\ \sigma_{yy} \cdot n_y + \tau_{xy} \cdot n_x + \tau_{zy} \cdot n_z = \overline{P}_y \\ \sigma_{zz} \cdot n_z + \tau_{xz} \cdot n_x + \tau_{yz} \cdot n_y = \overline{P}_z \end{cases} \tag{2-38}$$

式中，$\overline{P}_x$、$\overline{P}_y$、$\overline{P}_z$ 为边界的已知面力分量。

　　位移边界条件中边界上的位移是已知给定的。对于平面问题，位移边界条件为

$$u = \overline{u}，\quad v = \overline{v}$$

对于空间问题，位移边界条件为

$$u = \overline{u}，\quad v = \overline{v}，\quad w = \overline{w}$$

式中，u、v、w 为 x、y、z 轴方向的位移边界分量，$\overline{u}$、$\overline{v}$、$\overline{w}$ 为边界 x、y、z 轴方向上的已知位移分量。

▶▶▶ 2.2.6　弹性力学方程的一般求解方法 ▶▶▶

　　那么，如何求解平衡微分方程、几何变形方程和物理本构方程这 3 类基本力学微分方程呢？弹性力学方程的求解方法主要有解析法、形函数法。传统的弹性力学方程求解采用解析法，对作用于全域的微分方程进行直接求解，得到的是结构域内的精确解，但解析法只适用于简单形状变形体的工程问题。对于复杂形状变形体，可基于近似求解的形函数法通过确定约束条件解决大量的工程实际问题。

　　1. 基于精确求解的解析法

　　弹性力学空间问题中的基本未知量为 15 个，即 6 个应力分量、6 个应变分量和 3 个位移分量，而基本方程也为 15 个，即 3 个平衡微分方程、6 个几何变形方程或变形协调方程和 6 个物理本构方程。从理论上讲，n 个方程求解 n 个未知量是可以用解析法求解的，通过寻找满足全局条件的解函数来求取微分方程组的精确解，求解精度很高但难度很大。解析法主要针对一些简单的问题，常用的解题方法主要有应力法、位移法等，下面进行简要介绍。

　　1）应力法

　　应力法是以应力分量为基本未知函数，从基本方程和边界条件中消去应变分量和位移分量，求得应力分量后再求应变和位移分量的方法。对于空间问题，先以 6 个应力分量为

基本未知函数，求得满足平衡微分方程的应力分量之后，再通过物理本构方程和几何变形方程求出应变分量和位移分量。同时，要检验所求得的应变分量必须满足变形协调方程，否则将会因变形不协调而导致错误。此外，应力分量在边界上还应当满足应力边界条件。由于位移边界条件一般是无法用应力分量来表示的，因此对于位移边界问题和混合边界问题，一般不按应力法进行精确求解。

2）位移法

位移法是以位移分量为基本未知函数，从基本方程和边界条件中消去应力分量和应变分量，用几何变形方程求出应变分量后再用物理本构方程求得应力分量的方法。从原则上讲，位移法适用于任何边界问题（位移边界问题、应力边界问题、混合边界问题），所以对某些重要问题，虽然不能用位移法得到具体的、详尽的解答，却可以得出一些普遍的重要结论。事实上，很多情况下采用位移法比较方便，只要所确定的位移函数是单值连续的，那么用几何变形方程所求得的应变分量就必定满足变形协调方程。但是，要检验应力分量必须满足平衡微分方程，这是位移法的缺点所在。然而，在有限元方法中，位移法是一种比较简单而普遍适用的求解方式。

2. 基于近似求解的形函数法

与解析法采用微分形式求解不同，形函数法采用积分形式求解微分方程组。形函数法可解决大量的工程实际问题，通过满足一定的边界条件即可确定形函数，计算过程非常规范且计算量小，而**如何构造合适的形函数是形函数法的关键**，形函数构造得越合理，则其数值解越逼近精确解。针对复杂的几何域，基于有限元方法的**形函数逼近就是有限元方法的核心**。

形函数逼近的方式主要有两种：基于全域的形函数逼近方式和基于子域的形函数逼近方式。

（1）对于具有规则几何域的变形体问题，无论是一维、二维还是三维问题，均可直接构造全域的形函数，这种基于全域的形函数逼近方式又称为**加权残值法**。

这里以一维问题为例进行说明。

如图 2-7 所示，对一维函数 $f(x)$ 采用傅里叶级数由低阶到高阶展开，有

$$f(x) \approx c_0\varphi_0(x) + c_1\varphi_1(x) + \cdots + c_n\varphi_n(x) = \sum_{i=0}^{n} c_i\varphi_i(x) \tag{2-39}$$

式中，$\varphi_i(x)$ 为基底函数，它定义在全域 $[x_0, x_L]$ 上；$c_0, c_1, \cdots, c_n$ 为展开的系数。

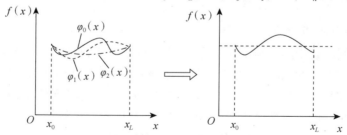

图 2-7 基于全域的形函数逼近

（2）对于具有复杂几何域的不规则变形体问题，无法直接构造全域形函数，而需将全域进行分段（分片或分块），再对每个子域构造形函数，从而得到拼接后的形函数，这种基于子域的形函数逼近方式又称为**有限单元法**。而基于有限单元法的形函数主要采用**虚功原**

理或最小势能原理等能量原理进行求解得到。

对图 2-8 所示一维函数 $f(x)$ 采用傅里叶级数展开，有

$$f(x) \approx g_0(x) + g_1(x) + \cdots + g_n(x)$$

$$= \sum_{i=0}^{n} g_i(x)$$

（2-40）

式中，基底函数 $g_i(x) = a_i + b_i x$，$x \in (x_i, x_{i+1})$。

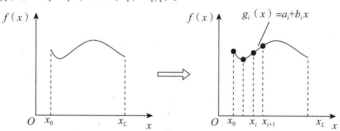

图 2-8　基于子域的形函数逼近

综上所述，采用加权残值法求解时构造的基底函数形式较复杂，但函数连续性较好，而采用有限单元法求解时构造的基底函数形式简单，但函数连续性较差。

2.3　平面应力问题和平面应变问题

需要指出的是，任何变形体的问题都属于空间问题。但是，对于一些特殊变形体的问题，为了分析方便或减小计算量，可根据工程实际需求进行适当的简化，视为平面问题来处理。从弹性力学的角度分类，平面问题主要可分为平面应力问题和平面应变问题两种类型。

▶▶▶ 2.3.1　平面应力问题 ▶▶ ▶

若空间中的变形体在一个坐标轴方向上的几何尺寸远小于在与该坐标轴垂直的另两个坐标轴方向上的几何尺寸，则变形体可简化成只在一个平面上有应力存在，而垂直于该平面的应力均视为零。例如，受拉压作用的等厚度薄板问题（厚度为 t），如图 2-9 所示，可认为应力只平行于 xOy 平面，即在薄板内外自由表面上的应力均为零。而由变形体材料的连续性假设可知，应力是连续变化的，且沿板厚 z 方向上无应力，即薄板上各点都满足 σ_{xx}、σ_{yy}、τ_{xy} 均匀分布及 $\sigma_{zz} = \tau_{zx} = \tau_{zy} = 0$，这类问题可看成平面应力问题。

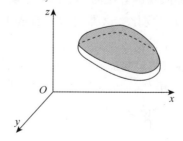

图 2-9　平面应力问题

在空间问题中任一单元包含的未知量有 15 个，其中应力由 6 个分量组成，即 $\boldsymbol{\sigma} =$

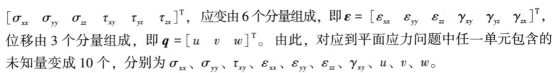

$[\sigma_{xx} \quad \sigma_{yy} \quad \sigma_{zz} \quad \tau_{xy} \quad \tau_{yz} \quad \tau_{zx}]^{\mathrm{T}}$，应变由6个分量组成，即 $\boldsymbol{\varepsilon} = [\varepsilon_{xx} \quad \varepsilon_{yy} \quad \varepsilon_{zz} \quad \gamma_{xy} \quad \gamma_{yz} \quad \gamma_{zx}]^{\mathrm{T}}$，位移由3个分量组成，即 $\boldsymbol{q} = [u \quad v \quad w]^{\mathrm{T}}$。由此，对应到平面应力问题中任一单元包含的未知量变成10个，分别为 σ_{xx}、σ_{yy}、τ_{xy}、ε_{xx}、ε_{yy}、ε_{zz}、γ_{xy}、u、v、w。

结合平面应力问题满足 $\sigma_{zz} = \tau_{zx} = \tau_{zy} = 0$，将其代入式(2-35)中有

$$\varepsilon_{zz} = \frac{1}{E}[\sigma_{zz} - \mu(\sigma_{xx} + \sigma_{yy})] = -\frac{\mu}{E}(\sigma_{xx} + \sigma_{yy})$$

由此可见，平面应力问题中 $\varepsilon_{zz} \neq 0$，平面应力问题的应力分量为 σ_{xx}、σ_{yy}、τ_{xy}，应变分量为 ε_{xx}、ε_{yy}、ε_{zz}、γ_{xy}，弹性力学中平面应力问题的基本方程表示如下。

平面应力问题的平衡微分方程为

$$\begin{cases} \dfrac{\partial \sigma_{xx}}{\partial x} + \dfrac{\partial \tau_{yx}}{\partial y} + \bar{t}_x = 0 \\[3mm] \dfrac{\partial \sigma_{yy}}{\partial y} + \dfrac{\partial \tau_{xy}}{\partial x} + \bar{t}_y = 0 \end{cases}$$

平面应力问题的几何变形方程为

$$\begin{cases} \varepsilon_{xx} = \dfrac{\partial u}{\partial x} \\[3mm] \varepsilon_{yy} = \dfrac{\partial v}{\partial y} \\[3mm] \gamma_{xy} = \dfrac{\partial v}{\partial x} + \dfrac{\partial u}{\partial y} \end{cases}$$

平面应力问题的物理本构方程为

$$\begin{cases} \varepsilon_{xx} = \dfrac{1}{E}(\sigma_{xx} - \mu\sigma_{yy}) \\[3mm] \varepsilon_{yy} = \dfrac{1}{E}(\sigma_{yy} - \mu\sigma_{xx}) \\[3mm] \gamma_{xy} = \dfrac{1}{G}\tau_{xy} = \dfrac{2(1 + \mu)}{E}\tau_{xy} \end{cases}$$

▶▶▶ 2.3.2　平面应变问题 ▶▶▶

若空间中的变形体是一个无限长的等截面柱形体(截面形状不随长度变化而变化)，所受载荷和约束不随长度(z 轴)方向变化，这类问题可看成平面应变问题。例如，图2-10所示的水坝，可认为其在任何一个截面上所受的应力相等，任何一个截面都是对称面，且沿 z 轴方向无位移，即水坝上各点都满足 $w = 0$，即可推出应变 $\varepsilon_{zz} = \gamma_{zx} = \gamma_{zy} = 0$。

由此，对应到平面应变问题中任一单元包含的未知量变成9个，分别为 σ_{xx}、σ_{yy}、σ_{zz}、τ_{xy}、ε_{xx}、ε_{yy}、γ_{xy}、u、v，3个应变分量 ε_{xx}、ε_{yy}、ε_{zz} 均出现在同一平面上，因此称这类问题为平面应变问题。

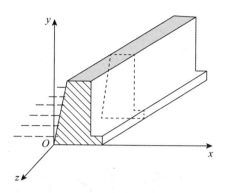

图2-10　平面应变问题

由此可见，平面应变问题中 $\sigma_{zz} = \mu(\sigma_{xx} + \sigma_{yy}) \neq 0$。

再将 σ_{zz} 表达式代入空间问题的物理本构方程中，即可推出平面应变问题的物理本构方程为

$$\begin{cases} \varepsilon_{xx} = \dfrac{1 - \mu^2}{E}\left(\sigma_{xx} - \dfrac{\mu}{1 - \mu}\sigma_{yy}\right) \\[3mm] \varepsilon_{yy} = \dfrac{1 - \mu^2}{E}\left(\sigma_{yy} - \dfrac{\mu}{1 - \mu}\sigma_{xx}\right) \\[3mm] \gamma_{xy} = \dfrac{1}{G}\tau_{xy} = \dfrac{2(1 + \mu)}{E}\tau_{xy} \end{cases}$$

由此，平面应力问题和平面应变问题间的物理本构方程可以互相转换，只要将平面应力问题的物理本构方程中的 E、μ 分别换成 $\dfrac{E}{1 - \mu^2}$、$\dfrac{\mu}{1 - \mu}$，即可得到相应的平面应变问题的物理本构方程式。

习　题

2-1　简述平面应力问题和平面应变问题的区别和联系。

2-2　用矩阵形式写出空间问题的弹性力学基本方程。

2-3　试写出变形体材料属性基本假设的条件。

2-4　简述有限元分析的基本步骤。

2-5　已知：变形体的位移分量为

$$\begin{cases} u = f_1(x, y) + 2z^2 + yz + 2y - 5z + 4 \\ v = f_2(x, y) + 4z^2 - xz - 2x + 6z + 8 \\ w = f_3(x, y) + 5x + 6y + 3 \end{cases}$$

求该变形体的应变。

2-6　在体积力为0的前提下，下列平面问题的应力分布是否满足平衡状态(即满足平衡微分方程)？

$$\begin{cases} \sigma_{xx} = a_1 + a_2 x \\ \sigma_{yy} = a_3 + a_4 y \\ \tau_{xy} = a_5 - a_2 y - a_4 x \end{cases}$$

第3章
平面问题的有限元方法

3.1 引 言

任何变形体都属于空间问题范畴。对于一些实际工程问题，从计算精度和计算复杂度等因素综合考虑，可以进行适当简化，将一些具有特殊受力和约束的空间问题转化为平面问题再进行处理，如机械结构中的齿轮、均布载荷下的深梁、水坝截面等工程问题。而采用有限元方法对平面问题进行计算求解，可以使学习者特别是初学者更好地理解有限元方法的基本原理，为进一步学习空间问题、轴对称问题等更复杂问题的有限元分析提供基础和帮助。针对转化后的变形体的平面问题，其有限元方法是将整个平面待求解区域离散为若干个数量有限的平面图形小区域。常用的有三角形和四边形小区域，即三角形平面单元和四边形平面单元。本章以 3 节点三角形平面单元和 4 节点矩形平面单元为例，介绍平面问题的有限元分析过程。平面问题的单元类型举例如图 3-1 所示。

 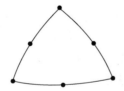  

图 3-1　平面问题的单元类型举例

3.2　3 节点三角形平面单元

本节以在平面问题分析中应用较多的 3 节点三角形平面单元为例，重点介绍该平面问题的平面单元构造过程及有限元方法的分析求解过程。

如图 3-2 所示，任意选取一个 3 节点三角形平面单元，单元内任一点坐标为 (x, y)，对应位移为 (u, v)。单元节点的编号分别为 1、2、3，对应的节点位置坐标分别为 (x_1, y_1)、(x_2, y_2)、(x_3, y_3)，对应的节点位移分别为 (u_1, v_1)、(u_2, v_2)、(u_3, v_3)，故该三角形平面单元中有 3 个节点、对应 6 个位移分量，共有 6 个节点位移自由度（degree of freedom，DoF）。

单元的节点位移和节点力列矩阵分别表示为

$$\boldsymbol{q}^{\mathrm{e}} = \begin{bmatrix} u_1 & v_1 & u_2 & v_2 & u_3 & v_3 \end{bmatrix}^{\mathrm{T}}$$

$$\boldsymbol{P}^{\mathrm{e}} = \begin{bmatrix} P_{1x} & P_{1y} & P_{2x} & P_{2y} & P_{3x} & P_{3y} \end{bmatrix}^{\mathrm{T}}$$

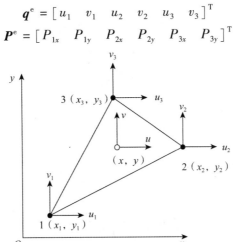

图3-2 3节点三角形平面单元

▶▶▶ **3.2.1 单元位移函数和形函数** ▶▶▶ ▶

由有限元方法的设计思路，在结构离散化处理后需要将单元中任一点的位移分量与坐标建立函数关系，进而为建立单元的节点位移和节点力间的关系做准备，这个位移分量与坐标的函数称为**单元位移函数**。

对于平面问题，单元内任一点 (x, y) 的位移 (u, v) 用单元位移函数表示成一般多项式形式为

$$\begin{cases} u = \bar{a}_1 + \bar{a}_2 x + \bar{a}_3 y + \bar{a}_4 x^2 + \bar{a}_5 xy + \bar{a}_6 y^2 + \cdots + \bar{a}_m y^n \\ v = \bar{a}_{m+1} + \bar{a}_{m+2} x + \bar{a}_{m+3} y + \bar{a}_{m+4} x^2 + \bar{a}_{m+5} xy + \bar{a}_{m+6} y^2 + \cdots + \bar{a}_{2m} y^n \end{cases} \tag{3-1}$$

构造3节点三角形平面单元的单元位移函数，其中的多项式项采用图示形式表示，如图3-3所示，单元任一点的位移 (u, v) 按 x、y 轴方向分别选取式(3-1)所示形式的单元位移函数，即

$$\begin{cases} u = \bar{a}_1 + \bar{a}_2 x + \bar{a}_3 y \\ v = \bar{a}_4 + \bar{a}_5 x + \bar{a}_6 y \end{cases} \tag{3-2}$$

式中，$\bar{a}_1$，$\bar{a}_2$，$\cdots$，$\bar{a}_6$ 为6个待定系数。

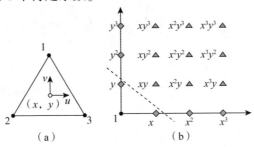

图3-3 3节点三角形平面单元的单元位移函数

(a)3节点一阶单元；(b)单元位移函数对应的节点坐标

再把单元中 3 个节点的位置坐标代入式(3-2)，分别得到 3 个节点位移为

$$
\begin{cases}
u_1 = \bar{a}_1 + \bar{a}_2 x_1 + \bar{a}_3 y_1 \\
u_2 = \bar{a}_1 + \bar{a}_2 x_2 + \bar{a}_3 y_2 \\
u_3 = \bar{a}_1 + \bar{a}_2 x_3 + \bar{a}_3 y_3 \\
v_1 = \bar{a}_4 + \bar{a}_5 x_1 + \bar{a}_6 y_1 \\
v_2 = \bar{a}_4 + \bar{a}_5 x_2 + \bar{a}_6 y_2 \\
v_3 = \bar{a}_4 + \bar{a}_5 x_3 + \bar{a}_6 y_3
\end{cases}
\tag{3-3}
$$

求得 $\bar{a}_1$，$\bar{a}_2$，$\cdots$，$\bar{a}_6$ 为

$$
\begin{bmatrix} \bar{a}_1 \\ \bar{a}_2 \\ \bar{a}_3 \end{bmatrix} =
\begin{bmatrix} 1 & x_1 & y_1 \\ 1 & x_2 & y_2 \\ 1 & x_3 & y_3 \end{bmatrix}^{-1}
\begin{bmatrix} u_1 \\ u_2 \\ u_3 \end{bmatrix}, \quad
\begin{bmatrix} \bar{a}_4 \\ \bar{a}_5 \\ \bar{a}_6 \end{bmatrix} =
\begin{bmatrix} 1 & x_1 & y_1 \\ 1 & x_2 & y_2 \\ 1 & x_3 & y_3 \end{bmatrix}^{-1}
\begin{bmatrix} v_1 \\ v_2 \\ v_3 \end{bmatrix}
\tag{3-4}
$$

若用 A 表示三角形单元的面积，则有

$$
2A = \begin{vmatrix} 1 & x_1 & y_1 \\ 1 & x_2 & y_2 \\ 1 & x_3 & y_3 \end{vmatrix}
\tag{3-5}
$$

$$
\bar{a}_1 = \frac{1}{2A} \begin{vmatrix} u_1 & x_1 & y_1 \\ u_2 & x_2 & y_2 \\ u_3 & x_3 & y_3 \end{vmatrix} = \frac{1}{2A}(a_1 u_1 + a_2 u_2 + a_3 u_3)
\tag{3-6}
$$

$$
\bar{a}_2 = \frac{1}{2A} \begin{vmatrix} 1 & u_1 & y_1 \\ 1 & u_2 & y_2 \\ 1 & u_3 & y_3 \end{vmatrix} = \frac{1}{2A}(b_1 u_1 + b_2 u_2 + b_3 u_3)
\tag{3-7}
$$

$$
\bar{a}_3 = \frac{1}{2A} \begin{vmatrix} 1 & x_1 & u_1 \\ 1 & x_2 & u_2 \\ 1 & x_3 & u_3 \end{vmatrix} = \frac{1}{2A}(c_1 u_1 + c_2 u_2 + c_3 u_3)
\tag{3-8}
$$

$$
\bar{a}_4 = \frac{1}{2A} \begin{vmatrix} v_1 & x_1 & y_1 \\ v_2 & x_2 & y_2 \\ v_3 & x_3 & y_3 \end{vmatrix} = \frac{1}{2A}(a_1 v_1 + a_2 v_2 + a_3 v_3)
\tag{3-9}
$$

$$
\bar{a}_5 = \frac{1}{2A} \begin{vmatrix} 1 & v_1 & y_1 \\ 1 & v_2 & y_2 \\ 1 & v_3 & y_3 \end{vmatrix} = \frac{1}{2A}(b_1 v_1 + b_2 v_2 + b_3 v_3)
\tag{3-10}
$$

$$
\bar{a}_6 = \frac{1}{2A} \begin{vmatrix} 1 & x_1 & v_1 \\ 1 & x_2 & v_2 \\ 1 & x_3 & v_3 \end{vmatrix} = \frac{1}{2A}(c_1 v_1 + c_2 v_2 + c_3 v_3)
\tag{3-11}
$$

即

$$\begin{cases} \overline{a}_1 = \dfrac{1}{2A}(a_1 u_1 + a_2 u_2 + a_3 u_3) \\[2mm] \overline{a}_2 = \dfrac{1}{2A}(b_1 u_1 + b_2 u_2 + b_3 u_3) \\[2mm] \overline{a}_3 = \dfrac{1}{2A}(c_1 u_1 + c_2 u_2 + c_3 u_3) \\[2mm] \overline{a}_4 = \dfrac{1}{2A}(a_1 v_1 + a_2 v_2 + a_3 v_3) \\[2mm] \overline{a}_5 = \dfrac{1}{2A}(b_1 v_1 + b_2 v_2 + b_3 v_3) \\[2mm] \overline{a}_6 = \dfrac{1}{2A}(c_1 v_1 + c_2 v_2 + c_3 v_3) \end{cases} \tag{3-12}$$

式中，a_i、b_i、$c_i (i = 1, 2, 3)$ 是在式(3-4)中的三阶矩阵求逆过程中确定的，是只与单元节点坐标相关的常数，即

$$\begin{cases} a_1 = x_2 y_3 - x_3 y_2, & b_1 = y_2 - y_3, & c_1 = x_3 - x_2 \\ a_2 = x_3 y_1 - x_1 y_3, & b_2 = y_3 - y_1, & c_2 = x_1 - x_3 \\ a_3 = x_1 y_2 - x_2 y_1, & b_3 = y_1 - y_2, & c_3 = x_2 - x_1 \end{cases} \tag{3-13}$$

从图 3-2 可以看出，对于 3 节点三角形平面单元，单元任一点的位移 (u, v) 需要 3 个节点的位移分量 (u_1, v_1)、(u_2, v_2)、(u_3, v_3) 来表述。因此，将 $\overline{a}_1$，$\overline{a}_2$，$\cdots$，$\overline{a}_6$ 代入式(3-2)中，单元内任一点的位移函数可表示为

$$\begin{cases} u = \displaystyle\sum_{i=1}^{3} N_i u_i = N_1 u_1 + N_2 u_2 + N_3 u_3 \\[2mm] v = \displaystyle\sum_{i=1}^{3} N_i v_i = N_1 v_1 + N_2 v_2 + N_3 v_3 \end{cases} \tag{3-14}$$

式中，

$$N_i = \frac{1}{2A}(a_i + b_i x + c_i y) \quad (i = 1, 2, 3) \tag{3-15}$$

将单元位移函数写成矩阵形式为

$$\boldsymbol{q} = \begin{bmatrix} u \\ v \end{bmatrix} = \begin{bmatrix} N_1 & 0 & N_2 & 0 & N_3 & 0 \\ 0 & N_1 & 0 & N_2 & 0 & N_3 \end{bmatrix} \begin{bmatrix} u_1 \\ v_1 \\ u_2 \\ v_2 \\ u_3 \\ v_3 \end{bmatrix} = \boldsymbol{N} \boldsymbol{q}^e \tag{3-16}$$

其中，

$$\boldsymbol{N} = \begin{bmatrix} N_1 & 0 & N_2 & 0 & N_3 & 0 \\ 0 & N_1 & 0 & N_2 & 0 & N_3 \end{bmatrix} \tag{3-17}$$

可见，单元位移函数是坐标分量 x、y 的线性函数，它描述的是单元节点位移同单元内任一点位移间的关系，即单元节点位移经插值操作可得到单元内任一点的位移，其中 N_i 即为单元位移函数中的插值函数，在有限元方法中也称为形函数，N 为单元形函数矩阵，它描述的是单元内任一点的位移状态。

例 3-1 如图 3-4 所示，等腰直角三角形平面单元的腰长为 2，求其单元形函数矩阵 N。

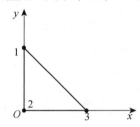

图 3-4 等腰直角三角形平面单元

解：图 3-4 中等腰直角三角形平面单元的面积为

$$A = \frac{1}{2}\begin{vmatrix} 1 & x_1 & y_1 \\ 1 & x_2 & y_2 \\ 1 & x_3 & y_3 \end{vmatrix} = \frac{1}{2}\begin{vmatrix} 1 & 0 & 2 \\ 1 & 0 & 0 \\ 1 & 2 & 0 \end{vmatrix} = 2$$

根据式（3-13），系数分别为

$$\begin{cases} a_1 = x_2 y_3 - x_3 y_2 = 0, & b_1 = y_2 - y_3 = 0, & c_1 = x_3 - x_2 = 2 \\ a_2 = x_3 y_1 - x_1 y_3 = 4, & b_2 = y_3 - y_1 = -2, & c_2 = x_1 - x_3 = -2 \\ a_3 = x_1 y_2 - x_2 y_1 = 0, & b_3 = y_1 - y_2 = 2, & c_3 = x_2 - x_1 = 0 \end{cases}$$

将其代入式（3-15）和式（3-17）中得到

$$\begin{cases} N_1 = \dfrac{1}{2A}(a_1 + b_1 x + c_1 y) = \dfrac{y}{2} \\ N_2 = \dfrac{1}{2A}(a_2 + b_2 x + c_2 y) = 1 - \dfrac{x}{2} - \dfrac{y}{2} \\ N_3 = \dfrac{1}{2A}(a_3 + b_3 x + c_3 y) = \dfrac{x}{2} \end{cases}$$

单元形函数矩阵为

$$N = \begin{bmatrix} N_1 & 0 & N_2 & 0 & N_3 & 0 \\ 0 & N_1 & 0 & N_2 & 0 & N_3 \end{bmatrix} = \begin{bmatrix} \dfrac{y}{2} & 0 & 1 - \dfrac{x}{2} - \dfrac{y}{2} & 0 & \dfrac{x}{2} & 0 \\ 0 & \dfrac{y}{2} & 0 & 1 - \dfrac{x}{2} - \dfrac{y}{2} & 0 & \dfrac{x}{2} \end{bmatrix}$$

▶▶▶ *3.2.2 单元位移函数的构造 ▶▶ ▶

单元位移函数在构造时与单元维数（一维、二维、三维）、单元类型（三角形、四边形、六面体等）、节点数量（3节点、4节点、8节点）等有关。由单元位移函数表达式为多项式形式可知，当多项式选取不同有限多项式项的组合时，可构造低阶幂次线性单元或高阶幂次非线性单元的位移函数和形函数。为了方便理解，这里采用图示方法构造不同的单元位移函数，并规定以单元维数确定坐标轴个数，以不同节点数选取坐标轴上对应节点所在区域。

（1）单元类型为 6 节点三角形平面单元，对应的是二维二阶次 6 节点三角形平面单元，其单元位移函数比 3 节点三角形平面单元的要复杂。采用图示形式表示单元位移函数的多项式项，如图 3-5 所示，图中平面问题对应 x、y 两个坐标轴方向，6 节点对应三角形区域空间。

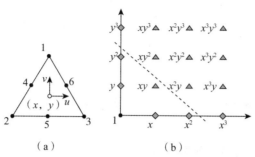

图 3-5 6 节点三角形平面单元的单元位移函数

(a)6 节点二阶单元；(b)单元位移函数对应的节点坐标

单元内任一点对应的位移函数表示为

$$\begin{cases} u = \bar{a}_1 + \bar{a}_2 x + \bar{a}_3 y + \bar{a}_4 x^2 + \bar{a}_5 xy + \bar{a}_6 y^2 \\ v = \bar{a}_7 + \bar{a}_8 x + \bar{a}_9 y + \bar{a}_{10} x^2 + \bar{a}_{11} xy + \bar{a}_{12} y^2 \end{cases} \tag{3-18}$$

（2）单元类型为 4 节点四边形平面单元，对应的是二维一阶次 4 节点四边形平面单元。四边形平面单元的单元位移函数的构造方法采用类似三角形平面单元的单元位移函数的构造方法，并采用图示形式表示单元位移函数的多项式项，如图 3-6 所示，图中平面问题对应 x、y 两个坐标轴方向，4 节点对应四边形区域空间。

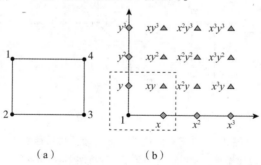

图 3-6 4 节点四边形平面单元的单元位移函数

(a)4 节点一阶单元；(b)单元位移函数对应的节点坐标

单元内任一点对应的位移函数表示为

$$\begin{cases} u = \bar{a}_1 + \bar{a}_2 x + \bar{a}_3 y + \bar{a}_4 xy \\ v = \bar{a}_5 + \bar{a}_6 x + \bar{a}_7 y + \bar{a}_8 xy \end{cases} \tag{3-19}$$

（3）单元类型为 8 节点四边形平面单元，对应的是二维二阶次 8 节点四边形平面单元，构造单元位移函数的多项式项采用图示形式表示，如图 3-7 所示，图中平面问题对应 x、y

两个坐标轴方向，8 节点对应四边形区域空间。

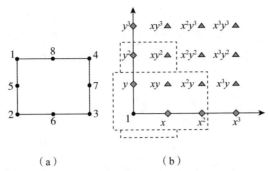

（a）　　　　　　　　　　（b）

图 3-7　8 节点四边形平面单元的单元位移函数

（a）8 节点二阶单元；（b）单元位移函数对应的节点坐标

单元内任一点对应的位移函数表示为

$$\begin{cases} u = \bar{a}_1 + \bar{a}_2 x + \bar{a}_3 y + \bar{a}_4 xy + \bar{a}_5 x^2 + \bar{a}_6 y^2 + \bar{a}_7 x^2 y + \bar{a}_8 xy^2 \\ v = \bar{a}_9 + \bar{a}_{10} x + \bar{a}_{11} y + \bar{a}_{12} xy + \bar{a}_{13} x^2 + \bar{a}_{14} y^2 + \bar{a}_{15} x^2 y + \bar{a}_{16} xy^2 \end{cases} \quad (3-20)$$

（4）单元类型为 8 节点六面体单元，对应的是三维一阶次 8 节点六面体单元，构造单元位移函数的多项式项采用图示形式表示，如图 3-8 所示，图中空间问题对应 x、y、z 3 个坐标轴方向，8 节点对应六面体区域空间。

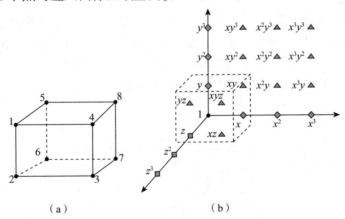

（a）　　　　　　　　　　（b）

图 3-8　8 节点六面体单元的单元位移函数

（a）8 节点一阶单元；（b）单元位移函数对应的节点坐标

单元内任一点对应的位移函数表示为

$$\begin{cases} u = \bar{a}_1 + \bar{a}_2 x + \bar{a}_3 y + \bar{a}_4 z + \bar{a}_5 xy + \bar{a}_6 xz + \bar{a}_7 yz + \bar{a}_8 xyz \\ v = \bar{a}_9 + \bar{a}_{10} x + \bar{a}_{11} y + \bar{a}_{12} z + \bar{a}_{13} xy + \bar{a}_{14} xz + \bar{a}_{15} yz + \bar{a}_{16} xyz \end{cases} \quad (3-21)$$

（5）单元类型为 10 节点四面体单元，对应的是三维二阶次 10 节点四面体单元，构造位移函数的多项式项采用图示形式表示，如图 3-9 所示，图中空间问题对应 x、y、z 3 个坐标轴方向，10 节点对应四面体区域空间。

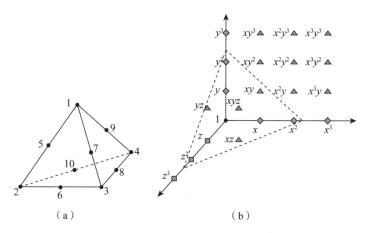

图 3-9　10 节点四面体单元的单元位移函数

（a）10 节点二阶单元；（b）单元位移函数对应的节点坐标

单元内任一点对应的位移函数表示为

$$\begin{cases} u = \overline{a}_1 + \overline{a}_2 x + \overline{a}_3 y + \overline{a}_4 z + \overline{a}_5 x^2 + \overline{a}_6 y^2 + \overline{a}_7 z^2 + \overline{a}_8 xy + \overline{a}_9 yz + \overline{a}_{10} xz \\ v = \overline{a}_{11} + \overline{a}_{12} x + \overline{a}_{13} y + \overline{a}_{14} z + \overline{a}_{15} x^2 + \overline{a}_{16} y^2 + \overline{a}_{17} z^2 + \overline{a}_{18} xy + \overline{a}_{19} yz + \overline{a}_{20} xz \end{cases} \tag{3-22}$$

▶▶| 3.2.3　形函数的性质 ▶▶ ▶

由 2.2.6 节关于形函数逼近的描述可知，构造合适的形函数是有限元方法的关键内容，可见形函数在有限元分析中是非常重要的部分。这里以三角形平面单元为例，说明形函数具有的部分性质。由式（3-16）、式（3-17）可知，形函数 N_i 作为位移的插值函数，与单元位移函数表达式的阶次相同（平面问题属于低阶线性插值单元），且均是坐标分量 x、y 的线性函数。而结合式（3-5）中行列式的性质，任意行列式的任一行（或列）的元素与其对应的代数余子式的乘积之和等于行列式的值，而任一行（或列）的元素与其他行（或列）元素对应的代数余子式的乘积之和等于零。由此，以三角形平面单元为例推出形函数的性质如下。

性质 1：对于单元节点处的形函数，若节点 1 处沿 x 轴方向的位移为 1（即 $u_1 = 1$），节点 1 处沿 y 轴方向的位移和其他节点处沿 x 轴和 y 轴方向的位移均为 0（即 $v_1 = u_2 = v_2 = \cdots = u_n = v_n = 0$），则由式（3-16）可知节点 1 处沿 x 轴方向的位移可表示为 $u_1 = N_1 u_1 + N_2 u_2 + \cdots + N_n u_n = N_1 u_1$，若此式成立，必须满足形函数 N_i 在节点 1 处的值为 1（即 $N_1 = 1$），形函数 N_i 在其他节点处的值为 0，即有

$$N_i(x_j, \ y_j) = \begin{cases} 1, & i = j \\ 0, & i \neq j \end{cases} (i, \ j = 1, \ 2, \ \cdots, \ n)$$

例如，对于 3 节点三角形平面单元（i，$j = 1$，2，3），当 $i = 1$（即节点 1 处）时，则有

$$N_i(x_j, \ y_j) = N_1(x_1, \ y_1) = 1 \quad (i = j)$$
$$N_i(x_j, \ y_j) = N_1(x_2, \ y_2) = N_1(x_3, \ y_3) = 0 \quad (i \neq j)$$

当 $i = 2$（即节点 2 处）时，则有

$$N_i(x_j, \ y_j) = N_2(x_2, \ y_2) = 1 \quad (i = j)$$
$$N_i(x_j, \ y_j) = N_2(x_1, \ y_1) = N_2(x_3, \ y_3) = 0 \quad (i \neq j)$$

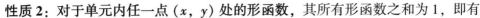
性质2：对于单元内任一点 (x, y) 处的形函数，其所有形函数之和为1，即有

$$\sum_{i=1}^{n} N_i(x, y) = 1$$

对3节点三角形平面单元而言，由于单元内任一点的形函数满足

$$N_i = \frac{1}{2A}(a_i + b_i x + c_i y) \quad (i = 1, 2, 3)$$

因此，单元内各点的形函数之和为

$$\sum_{i=1}^{3} N_i(x, y) = N_1(x, y) + N_2(x, y) + N_3(x, y)$$

$$= \frac{1}{2A}(a_1 + b_1 x + c_1 y) + \frac{1}{2A}(a_2 + b_2 x + c_2 y) + \frac{1}{2A}(a_3 + b_3 x + c_3 y)$$

$$= \frac{1}{2A}\left[(a_1 + a_2 + a_3) + (b_1 + b_2 + b_3)x + (c_1 + c_2 + c_3)y\right]$$

结合前文 a_i、b_i、$c_i(i = 1, 2, 3)$ 的表达形式，可知 $b_1 + b_2 + b_3 = 0$、$c_1 + c_2 + c_3 = 0$，代入上式可证明性质2。

性质3：单元内任一条边上的形函数，与该边的两个角点坐标有关，而与单元第三个角点坐标无关。

例如，对图3-2中的1-2边而言，形函数为

$$N_1(x, y) = 1 - \frac{x - x_1}{x_2 - x_1}, \quad N_2(x, y) = \frac{x - x_1}{x_2 - x_1}, \quad N_3(x, y) = 0$$

由此拓展可知，两个相邻单元公共边上的位移只与公共边角点坐标有关，且位移是连续的。

▶▶▶ 3.2.4 单元应变矩阵和单元应力矩阵 ▶▶▶

1. 单元应变矩阵

结合弹性力学平面问题的几何变形方程，将单元位移函数代入平面问题几何变形方程中，应变由3个分量组成，表示为

$$\begin{cases} \varepsilon_{xx} = \dfrac{\partial u}{\partial x} = \dfrac{\partial N_1}{\partial x}u_1 + \dfrac{\partial N_2}{\partial x}u_2 + \dfrac{\partial N_3}{\partial x}u_3 \\[2mm] \varepsilon_{yy} = \dfrac{\partial v}{\partial y} = \dfrac{\partial N_1}{\partial y}v_1 + \dfrac{\partial N_2}{\partial y}v_2 + \dfrac{\partial N_3}{\partial y}v_3 \\[2mm] \gamma_{xy} = \dfrac{\partial u}{\partial y} + \dfrac{\partial v}{\partial x} = \dfrac{\partial N_1}{\partial y}u_1 + \dfrac{\partial N_2}{\partial y}u_2 + \dfrac{\partial N_3}{\partial y}u_3 + \dfrac{\partial N_1}{\partial x}v_1 + \dfrac{\partial N_2}{\partial x}v_2 + \dfrac{\partial N_3}{\partial x}v_3 \end{cases} \tag{3-23}$$

几何变形方程写成矩阵形式为

$$\boldsymbol{\varepsilon} = \begin{bmatrix} \varepsilon_{xx} \\ \varepsilon_{yy} \\ \gamma_{xy} \end{bmatrix} = \begin{bmatrix} \dfrac{\partial u}{\partial x} \\[2mm] \dfrac{\partial v}{\partial y} \\[2mm] \dfrac{\partial u}{\partial y} + \dfrac{\partial v}{\partial x} \end{bmatrix} = \begin{bmatrix} \dfrac{\partial N_1}{\partial x} & 0 & \dfrac{\partial N_2}{\partial x} & 0 & \dfrac{\partial N_3}{\partial x} & 0 \\[2mm] 0 & \dfrac{\partial N_1}{\partial y} & 0 & \dfrac{\partial N_2}{\partial y} & 0 & \dfrac{\partial N_3}{\partial y} \\[2mm] \dfrac{\partial N_1}{\partial y} & \dfrac{\partial N_1}{\partial x} & \dfrac{\partial N_2}{\partial y} & \dfrac{\partial N_2}{\partial x} & \dfrac{\partial N_3}{\partial y} & \dfrac{\partial N_3}{\partial x} \end{bmatrix} \begin{bmatrix} u_1 \\ v_1 \\ u_2 \\ v_2 \\ u_3 \\ v_3 \end{bmatrix} \tag{3-24}$$

$$B = \begin{bmatrix} \dfrac{\partial N_1}{\partial x} & 0 & \dfrac{\partial N_2}{\partial x} & 0 & \dfrac{\partial N_3}{\partial x} & 0 \\[3mm] 0 & \dfrac{\partial N_1}{\partial y} & 0 & \dfrac{\partial N_2}{\partial y} & 0 & \dfrac{\partial N_3}{\partial y} \\[3mm] \dfrac{\partial N_1}{\partial y} & \dfrac{\partial N_1}{\partial x} & \dfrac{\partial N_2}{\partial y} & \dfrac{\partial N_2}{\partial x} & \dfrac{\partial N_3}{\partial y} & \dfrac{\partial N_3}{\partial x} \end{bmatrix} \tag{3-25}$$

其中，B 是由节点位移求取单元内任一点应变的转换矩阵，称为单元应变矩阵，即有

$$\boldsymbol{\varepsilon} = B q^e = \begin{bmatrix} B_1 & B_2 & B_3 \end{bmatrix} q^e \tag{3-26}$$

将 $N_i = \dfrac{1}{2A}(a_i + b_i x + c_i y)\,(i = 1,\ 2,\ 3)$ 代入上式，得到

$$B = \frac{1}{2A} \begin{bmatrix} b_1 & 0 & b_2 & 0 & b_3 & 0 \\ 0 & c_1 & 0 & c_2 & 0 & c_3 \\ c_1 & b_1 & c_2 & b_2 & c_3 & b_3 \end{bmatrix} \tag{3-27}$$

式 (3-27) 中，其分块矩阵 B_i 为

$$B_i = \frac{1}{2A} \begin{bmatrix} b_i & 0 \\ 0 & c_i \\ c_i & b_i \end{bmatrix} (i = 1,\ 2,\ 3)$$

而单元应变矩阵中 b_i、c_i 是由节点的坐标值决定的，因此 b_i、c_i 为常数，单元应变矩阵 B 为常数矩阵。

2. 单元应力矩阵

由于弹性力学平面问题的物理本构方程描述的是应力与应变间的关系，因此单元的应力表示为

$$\boldsymbol{\sigma} = \begin{bmatrix} \sigma_{xx} \\ \sigma_{yy} \\ \tau_{xy} \end{bmatrix} = \frac{E}{1 - \mu^2} \begin{bmatrix} 1 & \mu & 0 \\ \mu & 1 & 0 \\ 0 & 0 & \dfrac{1-\mu}{2} \end{bmatrix} \begin{bmatrix} \varepsilon_{xx} \\ \varepsilon_{yy} \\ \gamma_{xy} \end{bmatrix} = D\boldsymbol{\varepsilon} \tag{3-28}$$

其中，$D = \dfrac{E}{1-\mu^2} \begin{bmatrix} 1 & \mu & 0 \\ \mu & 1 & 0 \\ 0 & 0 & \dfrac{1-\mu}{2} \end{bmatrix}$ 为平面应力问题的弹性系数矩阵。

$$\boldsymbol{\sigma} = D\boldsymbol{\varepsilon} = DBq^e = Sq^e = \begin{bmatrix} S_1 & S_2 & S_3 \end{bmatrix} q^e \tag{3-29}$$

S 称为单元应力矩阵。由于弹性系数矩阵 D 只与弹性模量 E 和泊松比 μ 相关，是常数矩阵，单元应变矩阵 B 也为常数矩阵，因此单元应力矩阵 S 也为常数矩阵，综上所述，3 节点三角形平面单元既是常应变单元，也是常应力单元，有

$$S = DB$$

对于平面应力问题，有

$$S = \frac{E}{2(1 - \mu^2)A} \begin{bmatrix} b_1 & \mu c_1 & b_2 & \mu c_2 & b_3 & \mu c_3 \\ \mu b_1 & c_1 & \mu b_2 & c_2 & \mu b_3 & c_3 \\ \frac{1-\mu}{2}c_1 & \frac{1-\mu}{2}b_1 & \frac{1-\mu}{2}c_2 & \frac{1-\mu}{2}b_2 & \frac{1-\mu}{2}c_3 & \frac{1-\mu}{2}b_3 \end{bmatrix} \quad (3-30)$$

其中，$S_i = \frac{E}{2(1-\mu^2)A} \begin{bmatrix} b_i & \mu c_i \\ \mu b_i & c_i \\ \frac{1-\mu}{2}c_i & \frac{1-\mu}{2}b_i \end{bmatrix}$ $(i = 1, 2, 3)$，为 3×2 阶矩阵。

对于平面应变问题，则将平面应力问题中弹性系数矩阵 D 的 (E, μ) 换成平面应变问题的 $\left(\dfrac{E}{1-\mu^2}, \dfrac{\mu}{1-\mu} \right)$，即可得到平面应变问题的单元应力矩阵为

$$S = \frac{E(1-\mu)}{2(1+\mu)(1-2\mu)A} \cdot$$

$$\begin{bmatrix} b_1 & \frac{\mu}{1-\mu}c_1 & b_2 & \frac{\mu}{1-\mu}c_2 & b_3 & \frac{\mu}{1-\mu}c_3 \\ \frac{\mu}{1-\mu}b_1 & c_1 & \frac{\mu}{1-\mu}b_2 & c_2 & \frac{\mu}{1-\mu}b_3 & c_3 \\ \frac{1-2\mu}{2(1-\mu)}c_1 & \frac{1-2\mu}{2(1-\mu)}b_1 & \frac{1-2\mu}{2(1-\mu)}c_2 & \frac{1-2\mu}{2(1-\mu)}b_2 & \frac{1-2\mu}{2(1-\mu)}c_3 & \frac{1-2\mu}{2(1-\mu)}b_3 \end{bmatrix}$$

$$(3-31)$$

其中，$S_i = \frac{E(1-\mu)}{2(1+\mu)(1-2\mu)A} \begin{bmatrix} b_i & \frac{\mu}{1-\mu}c_i \\ \frac{\mu}{1-\mu}b_i & c_i \\ \frac{1-2\mu}{2(1-\mu)}c_i & \frac{1-2\mu}{2(1-\mu)}b_i \end{bmatrix}$ $(i = 1, 2, 3)$。

▶▶▶ 3.2.5 单元刚度矩阵 ▶▶▶

1. 单元刚度矩阵和单元刚度方程

单元的基本方程表示节点位移与节点力的关系，它们之间的转换关系即为单元刚度矩阵。通常，可通过虚功原理和最小势能原理两种方法推导出单元刚度矩阵和单元刚度方程。这里以 3 节点三角形平面单元为例，通过虚功原理推导单元刚度矩阵。后续章节中不同单元和节点类型所对应的基于虚功原理推导单元刚度矩阵的原理与此相同，只是积分域等不相同，故后续空间问题、轴对称问题等的单元刚度矩阵推导过程不再赘述。

首先，将作用在单元上的所有外载荷等效偏移到节点 1、2、3 上，如图 3-3 所示，则单元的节点力表示为

$$P^e = \begin{bmatrix} P_{1x} & P_{1y} & P_{2x} & P_{2y} & P_{3x} & P_{3y} \end{bmatrix}^T$$

设单元在平衡状态下各节点产生相对虚位移，其中单元各节点的虚位移为

$$\delta \boldsymbol{q}^e = \begin{bmatrix} \delta u_1 & \delta v_1 & \delta u_2 & \delta v_2 & \delta u_3 & \delta v_3 \end{bmatrix}^T$$

单元的虚应变为

$$\delta \boldsymbol{\varepsilon} = \begin{bmatrix} \delta \varepsilon_{xx} & \delta \varepsilon_{yy} & \delta \gamma_{xy} \end{bmatrix} = \boldsymbol{B} \delta \boldsymbol{q}^e$$

则节点力 $\boldsymbol{P}^e$ 在节点虚位移 $\delta \boldsymbol{q}^e$ 上所做的外力虚功为

$$\delta W_{\text{外}} = (\delta \boldsymbol{q}^e)^T \cdot \boldsymbol{P}^e = (\delta \boldsymbol{q}^e)^T \cdot \int_V \boldsymbol{B}^T \boldsymbol{D} \boldsymbol{B} \delta \boldsymbol{q}^e \mathrm{d}V$$

其中，$\boldsymbol{P}^e = \int_V \boldsymbol{B}^T \boldsymbol{D} \boldsymbol{B} \delta \boldsymbol{q}^e \mathrm{d}V$。

单元应力 $\boldsymbol{\sigma}$ 在虚应变上所做的**内力虚功**为

$$\delta W_{\text{内}} = \iiint_V (\delta \boldsymbol{\varepsilon})^T \boldsymbol{\sigma} \mathrm{d}x\mathrm{d}y\mathrm{d}z$$

而 $\boldsymbol{\sigma} = \boldsymbol{D}\boldsymbol{\varepsilon} = \boldsymbol{D}\boldsymbol{B}\boldsymbol{q}^e$，则有内力虚功

$$\delta W_{\text{内}} = \iiint_V (\boldsymbol{B}\delta \boldsymbol{q}^e)^T \boldsymbol{D}\boldsymbol{B}\boldsymbol{q}^e \mathrm{d}x\mathrm{d}y\mathrm{d}z = \iint_A (\boldsymbol{B}\delta \boldsymbol{q}^e)^T \boldsymbol{D}\boldsymbol{B}\boldsymbol{q}^e \mathrm{d}x\mathrm{d}y \cdot t$$

$$= (\delta \boldsymbol{q}^e)^T \iint_A \boldsymbol{B}^T \boldsymbol{D}\boldsymbol{B} \mathrm{d}x\mathrm{d}y \cdot t\boldsymbol{q}^e = (\delta \boldsymbol{q}^e)^T \boldsymbol{K}^e \boldsymbol{q}^e$$

其中，$\boldsymbol{K}^e = \iint_A \boldsymbol{B}^T \boldsymbol{D}\boldsymbol{B} \mathrm{d}x\mathrm{d}y \cdot t = \boldsymbol{B}^T \boldsymbol{D}\boldsymbol{B} \iint_A \mathrm{d}x\mathrm{d}y \cdot t = \boldsymbol{B}^T \boldsymbol{D}\boldsymbol{B}At$ 称为**单元刚度矩阵**，t 为平面问题中单元的厚度（为常数），A 为单元的面积。

由虚功原理，外力在虚位移所做的虚功与内力（应力）在虚应变所做的虚功相等，即 $\delta W = \delta W_{\text{内}}$，即有

$$(\delta \boldsymbol{q}^e)^T \boldsymbol{P}^e = (\delta \boldsymbol{q}^e)^T \boldsymbol{K}^e \boldsymbol{q}^e$$

由于虚位移 $\delta \boldsymbol{q}^e$ 是任意连续的，因此 $(\delta \boldsymbol{q}^e)^T$ 也是任意连续的，则有

$$\boldsymbol{P}^e = \boldsymbol{K}^e \boldsymbol{q}^e$$

上式描述了节点位移与节点力间的关系，称为**单元刚度方程**。对图 3-3 所示 3 节点三角形平面单元而言，单元刚度矩阵具体表述为

$$\boldsymbol{K}^e = \iint_A \boldsymbol{B}^T \boldsymbol{D}\boldsymbol{B} \mathrm{d}x\mathrm{d}y \cdot t = \boldsymbol{B}^T \boldsymbol{D}\boldsymbol{B}At = \boldsymbol{B}^T \boldsymbol{S}At$$

$$= \begin{bmatrix} \boldsymbol{B}_1 & \boldsymbol{B}_2 & \boldsymbol{B}_3 \end{bmatrix}^T \begin{bmatrix} \boldsymbol{S}_1 & \boldsymbol{S}_2 & \boldsymbol{S}_3 \end{bmatrix} At$$

$$= \begin{bmatrix} \boldsymbol{K}_{11} & \boldsymbol{K}_{12} & \boldsymbol{K}_{13} \\ \boldsymbol{K}_{21} & \boldsymbol{K}_{22} & \boldsymbol{K}_{23} \\ \boldsymbol{K}_{31} & \boldsymbol{K}_{32} & \boldsymbol{K}_{33} \end{bmatrix}_{6\times6}$$

其中，分块矩阵 $\boldsymbol{K}_{ij}$ 是 2×2 阶矩阵，表示为

$$\boldsymbol{K}_{ij} = \boldsymbol{B}_i^T \boldsymbol{D}\boldsymbol{B}_j At = \frac{Et}{4A(1-\mu^2)} \begin{bmatrix} K_1 & K_2 \\ K_3 & K_4 \end{bmatrix}$$

$$= \frac{Et}{4A(1-\mu^2)} \begin{bmatrix} b_i b_j + \dfrac{1-\mu}{2} c_i c_j & \mu b_i c_j + \dfrac{1-\mu}{2} b_j c_i \\ \mu b_j c_i + \dfrac{1-\mu}{2} b_i c_j & c_i c_j + \dfrac{1-\mu}{2} b_i b_j \end{bmatrix} (i, j = 1, 2, 3)$$

由此可看出，3 节点三角形平面单元的单元刚度矩阵是 6×6 阶矩阵，可表示为 3×3 阶子块矩阵，且每个子块为 2×2 阶分块矩阵并满足 $K_{ij} = K_{ji}$，单元刚度矩阵中元素不随坐标值变化而变化，只与单元的形状、材料等有关(即只与单元应变矩阵 B 和弹性系数矩阵 D 有关)。

对应的单元刚度方程为

$$\begin{bmatrix} P_{1x} \\ P_{1y} \\ P_{2x} \\ P_{2y} \\ P_{3x} \\ P_{3y} \end{bmatrix} = \begin{bmatrix} K_{11} & K_{12} & K_{13} \\ K_{21} & K_{22} & K_{23} \\ K_{31} & K_{32} & K_{33} \end{bmatrix} \begin{bmatrix} u_1 \\ v_1 \\ u_2 \\ v_2 \\ u_3 \\ v_3 \end{bmatrix}$$

2. 单元刚度矩阵的性质

单元刚度矩阵 K^e 具有如下性质。

1)对称性

由于 $K^e = \int_V B^T D B dV$ 中 D 为对称矩阵，即 $D^T = D$，可得 $K^e = \int_V B^T D B dV = \int_V B^T D^T B dV = \int_V [B^T D B]^T dV = (K^e)^T$，即 K^e 为对称矩阵。

2)奇异性

由平面问题的单元刚度方程可知，若使单元在节点力的作用下平衡，其平衡条件为

$$\sum_{i=1}^3 P_{ix} = 0, \quad \sum_{i=1}^3 P_{iy} = 0$$

则有

$$\begin{cases} (K_{11} + K_{31} + K_{51})u_1 + (K_{12} + K_{32} + K_{52})v_1 + \cdots + (K_{16} + K_{36} + K_{56})v_3 = 0 \\ (K_{21} + K_{41} + K_{61})u_1 + (K_{22} + K_{42} + K_{62})v_1 + \cdots + (K_{26} + K_{46} + K_{66})v_3 = 0 \end{cases}$$

当节点位移 $q^e = \begin{bmatrix} u_1 & v_1 & u_2 & v_2 & u_3 & v_3 \end{bmatrix}^T$ 中有一个位移分量为 1 而其他位移分量均为 0 时(如 $u_1 = 1$，$v_1 = u_2 = v_2 = u_3 = v_3 = 0$)，即可满足方程成立。

由此可得

$$\begin{cases} K_{11} + K_{31} + K_{51} = 0 \\ K_{21} + K_{41} + K_{61} = 0 \end{cases}, \cdots, \begin{cases} K_{16} + K_{36} + K_{56} = 0 \\ K_{26} + K_{46} + K_{66} = 0 \end{cases}$$

即 $\sum_{i=1}^6 K_{i1} = 0$，$\cdots$，$\sum_{i=1}^6 K_{i6} = 0$，单元刚度矩阵的各列分量之和均为 0，K^e 是奇异矩阵。

▶▶▶▌3.2.6 单元的节点载荷和非节点的等效节点载荷 ▶▶ ▶

单元节点载荷由作用在节点上的集中力载荷和作用在非节点上的载荷偏移的等效节点载荷组成。由于建立有限元模型时载荷只能作用在节点上，因此将非节点载荷偏移成等效节点载荷至关重要。利用虚功原理将非节点载荷偏移到节点上，并且保证载荷偏移前后在任意虚位移上所做虚功相等，这个载荷称为**等效节点载荷**。单元上的非节点载荷主要有集

中力载荷、体积力载荷和面力载荷等类型。

1. 集中力载荷的等效节点载荷

如图 3-10 所示，设单元内任一点 $M(x, y)$ 上作用有集中力载荷 $\boldsymbol{P}^{\mathrm{e}} = \begin{bmatrix} P_x & P_y \end{bmatrix}^{\mathrm{T}}$，将 $\boldsymbol{P}^{\mathrm{e}}$ 偏移到该单元节点上的等效节点载荷为

$$\boldsymbol{F}_P^{\mathrm{e}} = \begin{bmatrix} F_{1x} & F_{1y} & F_{2x} & F_{2y} & F_{3x} & F_{3y} \end{bmatrix}^{\mathrm{T}}$$

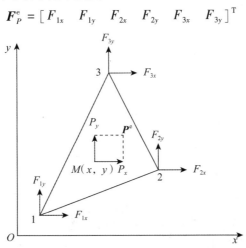

图 3-10　集中力载荷的等效节点载荷

假设该单元产生了虚位移 δq，单元各节点的虚位移为

$$\delta \boldsymbol{q}^{\mathrm{e}} = \begin{bmatrix} \delta u_1 & \delta v_1 & \delta u_2 & \delta v_2 & \delta u_3 & \delta v_3 \end{bmatrix}^{\mathrm{T}}$$

$\delta \boldsymbol{q}^{\mathrm{e}}$ 与 δq 的关系为 $\delta \boldsymbol{q} = \boldsymbol{N} \delta \boldsymbol{q}^{\mathrm{e}}$。

根据虚功原理，集中力载荷 $\boldsymbol{P}^{\mathrm{e}}$ 在 δq 上做的虚功为

$$(\delta \boldsymbol{q})^{\mathrm{T}} \boldsymbol{P}^{\mathrm{e}} = \begin{bmatrix} \boldsymbol{N} \delta \boldsymbol{q}^{\mathrm{e}} \end{bmatrix}^{\mathrm{T}} \boldsymbol{P}^{\mathrm{e}} = (\delta \boldsymbol{q}^{\mathrm{e}})^{\mathrm{T}} \boldsymbol{N}^{\mathrm{T}} \boldsymbol{P}^{\mathrm{e}}$$

等效节点载荷 $\boldsymbol{F}_P^{\mathrm{e}}$ 在节点虚位移 $\delta \boldsymbol{q}^{\mathrm{e}}$ 上做的虚功为

$$F_{1x} \delta u_1 + F_{1y} \delta v_1 + F_{2x} \delta u_2 + F_{2y} \delta v_2 + F_{3x} \delta u_3 + F_{3y} \delta v_3 = (\delta \boldsymbol{q}^{\mathrm{e}})^{\mathrm{T}} \boldsymbol{F}_P^{\mathrm{e}}$$

而由能量等效原则，集中力载荷与等效节点载荷在虚位移上做的虚功相等，则有 $\boldsymbol{F}_P^{\mathrm{e}} = \boldsymbol{N}^{\mathrm{T}} \boldsymbol{P}^{\mathrm{e}}$，即

$$\boldsymbol{F}_P^{\mathrm{e}} = \begin{bmatrix} F_{1x} \\ F_{1y} \\ F_{2x} \\ F_{2y} \\ F_{3x} \\ F_{3y} \end{bmatrix} = \begin{bmatrix} N_1 & 0 & N_2 & 0 & N_3 & 0 \\ 0 & N_1 & 0 & N_2 & 0 & N_3 \end{bmatrix}^{\mathrm{T}} \begin{bmatrix} P_x \\ P_y \end{bmatrix}$$

2. 体积力载荷的等效节点载荷

如果单元上作用有体积力载荷 $\boldsymbol{b}^{\mathrm{e}}$（如重力、离心力等），单位体积内的体积力分量为 $\boldsymbol{b}^{\mathrm{e}} = \begin{bmatrix} b_x & b_y \end{bmatrix}^{\mathrm{T}}$，微元体上体积力载荷 $\boldsymbol{b}^{\mathrm{e}} \mathrm{d}V$ 为集中力，整个单元上分布的体积力载荷的等效节点载荷为

$$F_b^e = \int_V \boldsymbol{N}^T \boldsymbol{b}^e dV$$

对于平面问题 $dV = tdxdy$（单元的厚度 t 为常量），则有 $\boldsymbol{F}_b^e = \iint_A \boldsymbol{N}^T \boldsymbol{b}^e tdxdy$，即

$$\boldsymbol{F}_b^e = \begin{bmatrix} F_{1x} \\ F_{1y} \\ F_{2x} \\ F_{2y} \\ F_{3x} \\ F_{3y} \end{bmatrix} = \iint_A \begin{bmatrix} N_1 & 0 \\ 0 & N_1 \\ N_2 & 0 \\ 0 & N_2 \\ N_3 & 0 \\ 0 & N_3 \end{bmatrix} \begin{bmatrix} b_x \\ b_y \end{bmatrix} tdxdy$$

对于 3 节点三角形平面单元，若体积力为重力且均匀分布时载荷大小为重力集度 ρg，方向与 y 轴方向相反，此时体积力载荷 $\boldsymbol{b}^e = \begin{bmatrix} 0 & -\rho g \end{bmatrix}^T$，并满足 $\iint_A N_1 tdxdy = \iint_A N_2 tdxdy = \iint_A N_3 tdxdy = \dfrac{1}{3}At$。

这样，在整个单元上均匀分布的重力的等效节点载荷向量为

$$\boldsymbol{F}_b^e = \begin{bmatrix} F_{1x} \\ F_{1y} \\ F_{2x} \\ F_{2y} \\ F_{3x} \\ F_{3y} \end{bmatrix} = \iint_A \begin{bmatrix} N_1 & 0 \\ 0 & N_1 \\ N_2 & 0 \\ 0 & N_2 \\ N_3 & 0 \\ 0 & N_3 \end{bmatrix} \begin{bmatrix} b_x \\ b_y \end{bmatrix} tdxdy = \frac{1}{3}At\rho g \begin{bmatrix} 0 \\ 1 \\ 0 \\ 1 \\ 0 \\ 1 \end{bmatrix}$$

3. 面力载荷的等效节点载荷

若单元上作用有面力载荷 $\overline{\boldsymbol{P}}^e$，可将微元面上的面力 $\overline{\boldsymbol{P}}^e dA$ 看作集中载荷，同理得到整个单元上面力载荷的等效节点载荷向量为

$$\boldsymbol{F}_{\overline{P}}^e = \iint_A \boldsymbol{N}^T \overline{\boldsymbol{P}}^e dA$$

对于平面问题，若单元在某一边界上的面力载荷 $\overline{\boldsymbol{P}}^e = \begin{bmatrix} \overline{P}_x & \overline{P}_y \end{bmatrix}^T$，微元面面积 $dA = tdl$，则等效节点载荷向量 $\boldsymbol{F}_{\overline{P}}^e = \int_l \boldsymbol{N}^T \overline{\boldsymbol{P}}^e tdl$。

如果单元既有体积力载荷 $\boldsymbol{b}^e$ 作用，又有面力载荷 $\overline{\boldsymbol{P}}^e$ 作用，则得到等效节点载荷向量 $\boldsymbol{F}^e$ 为 $\boldsymbol{F}^e = \boldsymbol{F}_{\overline{P}}^e + \boldsymbol{F}_b^e = \iint_A \boldsymbol{N}^T \overline{\boldsymbol{P}}^e dA + \int_V \boldsymbol{N}^T \boldsymbol{b}^e dV$。

例 3-2 如图 3-11 所示，设单元一边界 1-3 上受到均布压力载荷 $\overline{P}$ 的作用，边界 1-3 的长度为 l，边界 1-3 与 x 轴方向的夹角为 α，单元的厚度为 t，求单元面力载荷的等效节点载荷。

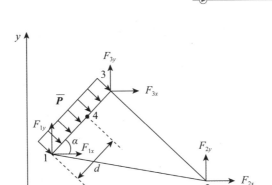

图 3-11　面力载荷的等效节点载荷

解：设均布压力载荷 $\bar{P}$ 在 x 轴和 y 轴方向的分量分别为 $\bar{P}_x$ 和 $\bar{P}_y$，有

$$\bar{P} = \begin{bmatrix} \bar{P}_x \\ \bar{P}_y \end{bmatrix} = \begin{bmatrix} \bar{P}\sin\alpha \\ -\bar{P}\cos\alpha \end{bmatrix} = \bar{P}\begin{bmatrix} \dfrac{y_3 - y_1}{l} \\ -\dfrac{x_3 - x_1}{l} \end{bmatrix}$$

结合形函数的性质和上式，对作用于边界 1-3 的均布载荷偏移到节点 1 和节点 3 的等效节点载荷进行计算，若边界 1-3 上任一点 4 到节点 1 间的长度为 d，则点 4 处的形函数为 $N_1 = \dfrac{d}{l}$，$N_3 = 1 - \dfrac{d}{l}$，$N_2 = 0$。

将单元应变矩阵中的系数表达式代入面力载荷的等效节点载荷公式，则边界 1-3 上均布压力载荷的等效节点载荷为

$$\boldsymbol{F}_P^e = \int_l \boldsymbol{N}^{\mathrm{T}}\bar{P}t\mathrm{d}l = \int_l \begin{bmatrix} N_1 & 0 & N_2 & 0 & N_3 & 0 \\ 0 & N_1 & 0 & N_2 & 0 & N_3 \end{bmatrix}^{\mathrm{T}} \begin{bmatrix} \bar{P}_x \\ \bar{P}_y \end{bmatrix} t\mathrm{d}l$$

$$= \int_l \left\{ \frac{\bar{P}}{l} \begin{bmatrix} \dfrac{d}{l} & 0 & 0 & 0 & 1-\dfrac{d}{l} & 0 \\ 0 & \dfrac{d}{l} & 0 & 0 & 0 & 1-\dfrac{d}{l} \end{bmatrix}^{\mathrm{T}} \begin{bmatrix} y_3 - y_1 \\ x_1 - x_3 \end{bmatrix} t \right\}^{\mathrm{T}} \mathrm{d}l$$

$$= \frac{\bar{P}t}{2} \begin{bmatrix} y_3 - y_1 \\ x_1 - x_3 \\ 0 \\ 0 \\ y_3 - y_1 \\ x_1 - x_3 \end{bmatrix}$$

▶▶▶ 3.2.7　整体刚度矩阵 ▶▶▶

将变形体划分成有限个单元，对结构进行离散化处理从而组成有限元模型。在对各单

元建立单元刚度矩阵及方程后，需要将各单元进行几何变换和集成，得到整体的刚度矩阵及方程，方法及步骤如下。

（1）设定每个单元的节点局部编号。例如，按逆时针定义为 $i \rightarrow j \rightarrow m$，确定每个单元节点编号与整体节点编号的对应关系。

（2）建立每个单元的刚度矩阵，再将各单元刚度矩阵的子块放入整体刚度矩阵对应子块位置。**注意**：为了方便各子块叠加，整体刚度矩阵中各子块排序按节点编号由小至大的格式。

（3）各子块叠加时，同一位置的子块叠加，无子块的位置放入零子块。

例3-3   如图 3-12 所示，假设平面问题的有限元模型由单元①和单元②两个单元组成，试说明其整体刚度矩阵和整体刚度方程的组建过程。通过分析两个单元的集成方式可将其推广到多个单元的集成，集成的方法过程是一样的。

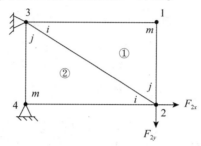

图 3-12 平面问题的有限元模型

解：将各单元的节点局部编号顺序与整体结构节点编号相对应。其中，单元①的节点局部编号顺序按 $i \rightarrow j \rightarrow m$，对应的节点顺序为 3→2→1。单元②的节点局部编号顺序按 $i \rightarrow j \rightarrow m$，对应的节点顺序为 2→3→4。

对于单元①，单元刚度矩阵为

$$
\boldsymbol{K}_{(1)}^{e} = \begin{bmatrix} \boldsymbol{K}_{33}^{(1)} & \boldsymbol{K}_{32}^{(1)} & \boldsymbol{K}_{31}^{(1)} \\ \boldsymbol{K}_{23}^{(1)} & \boldsymbol{K}_{22}^{(1)} & \boldsymbol{K}_{21}^{(1)} \\ \boldsymbol{K}_{13}^{(1)} & \boldsymbol{K}_{12}^{(1)} & \boldsymbol{K}_{11}^{(1)} \end{bmatrix}_{6 \times 6}
$$

单元刚度方程为 $\boldsymbol{P}_{(1)}^{e} = \boldsymbol{K}_{(1)}^{e} \cdot \boldsymbol{q}_{(1)}^{e}$ ，即

$$
\begin{bmatrix} \boldsymbol{P}_{3}^{(1)} \\ \boldsymbol{P}_{2}^{(1)} \\ \boldsymbol{P}_{1}^{(1)} \end{bmatrix}_{6 \times 1} = \begin{bmatrix} \boldsymbol{K}_{33}^{(1)} & \boldsymbol{K}_{32}^{(1)} & \boldsymbol{K}_{31}^{(1)} \\ \boldsymbol{K}_{23}^{(1)} & \boldsymbol{K}_{22}^{(1)} & \boldsymbol{K}_{21}^{(1)} \\ \boldsymbol{K}_{13}^{(1)} & \boldsymbol{K}_{12}^{(1)} & \boldsymbol{K}_{11}^{(1)} \end{bmatrix}_{6 \times 6} \begin{bmatrix} \boldsymbol{q}_{3}^{(1)} \\ \boldsymbol{q}_{2}^{(1)} \\ \boldsymbol{q}_{1}^{(1)} \end{bmatrix}_{6 \times 1}
$$

由于平面问题中整体刚度矩阵中有 4 个节点，将单元 3 节点扩展至整体 4 节点后，上述方程表示为

$$
\begin{matrix} \text{节点 1} \rightarrow \\ \text{节点 2} \rightarrow \\ \text{节点 3} \rightarrow \\ \text{节点 4} \rightarrow \end{matrix} \begin{bmatrix} \boldsymbol{P}_{1}^{(1)} \\ \boldsymbol{P}_{2}^{(1)} \\ \boldsymbol{P}_{3}^{(1)} \\ \boldsymbol{O} \end{bmatrix}_{8 \times 1} = \begin{bmatrix} \boldsymbol{K}_{11}^{(1)} & \boldsymbol{K}_{12}^{(1)} & \boldsymbol{K}_{13}^{(1)} & \boldsymbol{O} \\ \boldsymbol{K}_{21}^{(1)} & \boldsymbol{K}_{22}^{(1)} & \boldsymbol{K}_{23}^{(1)} & \boldsymbol{O} \\ \boldsymbol{K}_{31}^{(1)} & \boldsymbol{K}_{32}^{(1)} & \boldsymbol{K}_{33}^{(1)} & \boldsymbol{O} \\ \boldsymbol{O} & \boldsymbol{O} & \boldsymbol{O} & \boldsymbol{O} \end{bmatrix}_{8 \times 8} \begin{bmatrix} \boldsymbol{q}_{1}^{(1)} \\ \boldsymbol{q}_{2}^{(1)} \\ \boldsymbol{q}_{3}^{(1)} \\ \boldsymbol{O} \end{bmatrix}_{8 \times 1}
$$

$$
\boldsymbol{q}_{(1)}^{e} = \begin{bmatrix} u_{1} & v_{1} & u_{2} & v_{2} & u_{3} & v_{3} & 0 & 0 \end{bmatrix}^{T}
$$

对于单元②，单元刚度矩阵为

$$\boldsymbol{K}_{(2)}^{\mathrm{e}} = \begin{bmatrix} \boldsymbol{K}_{22}^{(2)} & \boldsymbol{K}_{23}^{(2)} & \boldsymbol{K}_{24}^{(2)} \\ \boldsymbol{K}_{32}^{(2)} & \boldsymbol{K}_{33}^{(2)} & \boldsymbol{K}_{34}^{(2)} \\ \boldsymbol{K}_{42}^{(2)} & \boldsymbol{K}_{43}^{(2)} & \boldsymbol{K}_{44}^{(2)} \end{bmatrix}_{6\times6}$$

单元刚度方程为 $\boldsymbol{P}_{(2)}^{\mathrm{e}} = \boldsymbol{K}_{(2)}^{\mathrm{e}} \cdot \boldsymbol{q}_{(2)}^{\mathrm{e}}$ ，即

$$\begin{bmatrix} \boldsymbol{P}_2^{(2)} \\ \boldsymbol{P}_3^{(2)} \\ \boldsymbol{P}_4^{(2)} \end{bmatrix}_{6\times1} = \begin{bmatrix} \boldsymbol{K}_{22}^{(2)} & \boldsymbol{K}_{23}^{(2)} & \boldsymbol{K}_{24}^{(2)} \\ \boldsymbol{K}_{32}^{(2)} & \boldsymbol{K}_{33}^{(2)} & \boldsymbol{K}_{34}^{(2)} \\ \boldsymbol{K}_{42}^{(2)} & \boldsymbol{K}_{43}^{(2)} & \boldsymbol{K}_{44}^{(2)} \end{bmatrix}_{6\times6} \begin{bmatrix} \boldsymbol{q}_2^{(2)} \\ \boldsymbol{q}_3^{(2)} \\ \boldsymbol{q}_4^{(2)} \end{bmatrix}_{6\times1}$$

同理，扩展方程为

$$\begin{matrix} 节点1 \to \\ 节点2 \to \\ 节点3 \to \\ 节点4 \to \end{matrix} \begin{bmatrix} \boldsymbol{O} \\ \boldsymbol{P}_2^{(2)} \\ \boldsymbol{P}_3^{(2)} \\ \boldsymbol{P}_4^{(2)} \end{bmatrix}_{8\times1} = \begin{bmatrix} \boldsymbol{O} & \boldsymbol{O} & \boldsymbol{O} & \boldsymbol{O} \\ \boldsymbol{O} & \boldsymbol{K}_{22}^{(2)} & \boldsymbol{K}_{23}^{(2)} & \boldsymbol{K}_{24}^{(2)} \\ \boldsymbol{O} & \boldsymbol{K}_{32}^{(2)} & \boldsymbol{K}_{33}^{(2)} & \boldsymbol{K}_{34}^{(2)} \\ \boldsymbol{O} & \boldsymbol{K}_{42}^{(2)} & \boldsymbol{K}_{43}^{(2)} & \boldsymbol{K}_{44}^{(2)} \end{bmatrix}_{8\times8} \begin{bmatrix} \boldsymbol{O} \\ \boldsymbol{q}_2^{(2)} \\ \boldsymbol{q}_3^{(2)} \\ \boldsymbol{q}_4^{(2)} \end{bmatrix}_{8\times1}$$

$$\boldsymbol{q}_{(2)}^{\mathrm{e}} = \begin{bmatrix} 0 & 0 & u_2 & v_2 & u_3 & v_3 & u_4 & v_4 \end{bmatrix}^{\mathrm{T}}$$

进一步，将单元①和单元②的扩展方程相加得到

$$\begin{bmatrix} \boldsymbol{P}_1^{(1)} \\ \boldsymbol{P}_2^{(1)} + \boldsymbol{P}_2^{(2)} \\ \boldsymbol{P}_3^{(1)} + \boldsymbol{P}_3^{(2)} \\ \boldsymbol{P}_4^{(2)} \end{bmatrix}_{8\times1} = \begin{bmatrix} \boldsymbol{K}_{11}^{(1)} & \boldsymbol{K}_{12}^{(1)} & \boldsymbol{K}_{13}^{(1)} & \boldsymbol{O} \\ \boldsymbol{K}_{21}^{(1)} & \boldsymbol{K}_{22}^{(1)}+\boldsymbol{K}_{22}^{(2)} & \boldsymbol{K}_{23}^{(1)}+\boldsymbol{K}_{23}^{(2)} & \boldsymbol{K}_{24}^{(2)} \\ \boldsymbol{K}_{31}^{(1)} & \boldsymbol{K}_{32}^{(1)}+\boldsymbol{K}_{32}^{(2)} & \boldsymbol{K}_{33}^{(1)}+\boldsymbol{K}_{33}^{(2)} & \boldsymbol{K}_{34}^{(2)} \\ \boldsymbol{O} & \boldsymbol{K}_{42}^{(2)} & \boldsymbol{K}_{43}^{(2)} & \boldsymbol{K}_{44}^{(2)} \end{bmatrix}_{8\times8} \begin{bmatrix} \boldsymbol{q}_1^{(1)} \\ \boldsymbol{q}_2^{(1)}+\boldsymbol{q}_2^{(2)} \\ \boldsymbol{q}_3^{(1)}+\boldsymbol{q}_3^{(2)} \\ \boldsymbol{q}_4^{(2)} \end{bmatrix}_{8\times1}$$

整体刚度矩阵为 $\boldsymbol{K} = \boldsymbol{K}_{(1)}^{\mathrm{e}} + \boldsymbol{K}_{(2)}^{\mathrm{e}}$ ，整体刚度方程为 $\boldsymbol{P} = \boldsymbol{K}\boldsymbol{q}$ 。

由此总结，整体刚度矩阵在建立过程中由各单元刚度矩阵叠加得到，且需要按单元节点编号与整体节点编号将子块对应放入行、列相应的位置。在上述整体刚度矩阵的基础上扩展，设节点总数为 n ，单元总数为 m ，则整体刚度矩阵为 $2n \times 2n$ 阶矩阵，即

$$\boldsymbol{K}_{2n\times2n} = \sum_{i=1}^{m} \boldsymbol{K}_{(i)}^{\mathrm{e}}$$

整体刚度方程为

$$\boldsymbol{P}_{2n\times1} = \boldsymbol{K}_{2n\times2n} \boldsymbol{q}_{2n\times1}$$

整体刚度矩阵是由各单元刚度矩阵集合叠加而成的，因此它具有单元刚度矩阵的一些性质，如对称性、奇异性等，另外它还具有稀疏性和带状性等。

1）对称性

前面章节介绍单元刚度矩阵的性质时，已表明单元刚度矩阵是对称矩阵，整体刚度矩阵是单元刚度矩阵的有序叠加，因此它也具有对称性。利用整体刚度矩阵的对称性，在进行有限元分析时，可只计算存储矩阵中的上三角元素或下三角元素，从而节省了存储空间，并减少了计算量。

2）奇异性

从物理角度来看，整体刚度矩阵中没有限制约束变形体结构的刚体位移，也就是说没有施加位移约束。

从数学角度来看，无法证明整体刚度矩阵是可逆矩阵，所以它具有奇异性。

前面章节介绍单元刚度矩阵的性质时，已表明单元刚度矩阵是奇异矩阵，因此整体刚度矩阵也不存在逆矩阵，它也具有奇异性，即 $|K| = 0$。

3）稀疏性和带状性

整体刚度矩阵 K 是稀疏矩阵，且矩阵中的非零元素呈带状分布。

稀疏性体现在整体刚度矩阵中非零元素的数量相对于矩阵大小的比例。带状性体现在整体刚度矩阵中非零元素以矩阵主对角线为中心，呈带状分布在两侧的特性。

思考：整体刚度矩阵为什么会呈现稀疏性？

变形体离散化后，形成多个单元和节点，然而对任意一个节点而言，与它相邻的节点个数有限，其余节点都没有相关性，这使整体刚度矩阵中存在大量的零元素，矩阵呈现出稀疏性。在存储数据时，只计算存储带状区域内的非零元素，可大大节省计算时间和存储量。

半带宽是指半个带状区域中每行所具有的非零元素的个数。在所有行中非零元素个数最多的半带宽为最大半带宽 B，表示为 $B = \lambda(D + 1)$，其中 λ 为每个节点的自由度个数（对于平面问题，$\lambda = 2$），D 为单元网格中节点号的最大差值。

例如，图 3-13 所示的变形体离散成 10 个节点和 9 个单元，其中第 i 个单元由节点 2、3、5 组成。图 3-14 所示为有限元模型对应的各单元带宽的分布情况。其中，空格部分代表整体刚度矩阵中的零元素，阴影部分代表整体刚度矩阵中的非零子刚度矩阵，且阴影部分中每个方格都代表 2×2 阶矩阵。按照图 3-13 的节点编号顺序，第 i 个单元的最大半带宽为 B_i，则有 $B_i = 2(D_i + 1) = 2 \times (5 - 2 + 1) = 8$。

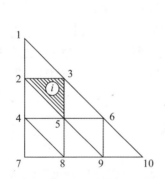

图 3-13　有限元模型单元划分 1

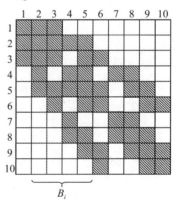

图 3-14　整体刚度矩阵带宽的分布 1

注意：对于平面问题，若结构有 n 个节点，则整体刚度矩阵有 $2n \times 2n$ 个元素。对于同一个结构相同单元和节点的情况，节点排列顺序不同，得到的整体刚度矩阵的半带宽不同。例如，对于图 3-13 所示的变形体，若采用相同单元网格的不同节点编号方法，其单元节点编号如图 3-15 所示，对应的整体刚度矩阵带宽的分布如图 3-16 所示。按照图 3-15 的节点编号顺序，第 i 个单元由节点 2、5、6 组成，其最大半带宽 $B_i = 2(D_i + 1) = 2 \times (6 - 2 + 1) = 10$。

由对比可知，在进行有限元分析时可利用此性质选择合适的节点编排方式，力求同一单元的节点号接近，使单元内最大节点号差值 D 尽可能小，从而使半带宽尽可能小，以减少计算量和优化存储空间。

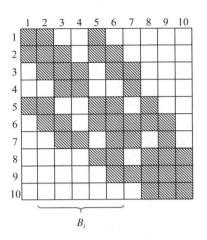

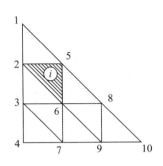

图 3-15　有限元模型单元划分 2　　　　图 3-16　整体刚度矩阵带宽的分布 2

▶▶▶ 3.2.8　边界条件的处理 ▶▶▶

由于整体刚度方程中没有引入边界条件，因此方程中的整体刚度矩阵具有奇异性，变形体会产生刚体位移。这时，需要用边界条件来限制变形体的刚体位移。从数学的角度来说，施加边界条件的目的是消除整体刚度矩阵的奇异性，使整体刚度方程具有唯一解。常用的边界条件处理方法有以下几种。

1. 降阶法

降阶法即采用划行划列的方式对整体刚度方程进行降阶处理，将线性方程组中对应零位移项所在的行和列划掉，可直接求解出未知位移项，再代入原方程求出未知节点力。该方法的目的是使线性方程组的个数减少，但操作时需要对整体刚度矩阵中的元素进行重新编号。假设有限元模型中整体刚度矩阵为 $n \times n$ 阶矩阵，整体位移和节点力均为 $n \times 1$ 阶矩阵，整体刚度方程为 $\boldsymbol{Kq} = \boldsymbol{P}$，若位移中第 i 个位移分量 $q_i = 0$，则方程为

$$\begin{bmatrix} K_{11} & K_{12} & \cdots & K_{1(i-1)} & K_{1i} & \cdots & K_{1n} \\ K_{21} & K_{22} & \cdots & K_{2(i-1)} & K_{2i} & \cdots & K_{2n} \\ \vdots & \vdots & & \vdots & \vdots & & \vdots \\ K_{i1} & K_{i2} & \cdots & K_{i(i-1)} & K_{ii} & \cdots & K_{in} \\ \vdots & \vdots & & \vdots & \vdots & & \vdots \\ K_{n1} & K_{n2} & \cdots & K_{n(i-1)} & K_{ni} & \cdots & K_{nn} \end{bmatrix} \begin{bmatrix} q_1 \\ q_2 \\ \vdots \\ q_i = 0 \\ \vdots \\ q_n \end{bmatrix} = \begin{bmatrix} p_1 \\ p_2 \\ \vdots \\ p_i \\ \vdots \\ p_n \end{bmatrix}$$

2. 对角线元素置 1 法

对角线元素置 1 法的原则是：对节点位移中为 0 的位移分量进行处理，将它所对应的整体刚度矩阵的行和列中对角线元素置为 1，其余元素置为 0；将它所对应的节点力分量置为 0。若位移中第 i 个位移分量 $q_i = 0$，则将整体刚度方程转化成

$$\begin{bmatrix} K_{11} & K_{12} & \cdots & K_{1(i-1)} & 0 & \cdots & K_{1n} \\ K_{21} & K_{22} & \cdots & K_{2(i-1)} & 0 & \cdots & K_{2n} \\ \vdots & \vdots & & \vdots & \vdots & & \vdots \\ 0 & 0 & \cdots & 0 & 1 & \cdots & 0 \\ \vdots & \vdots & & \vdots & \vdots & & \vdots \\ K_{n1} & K_{n2} & \cdots & K_{n(i-1)} & 0 & \cdots & K_{nn} \end{bmatrix} \begin{bmatrix} q_1 \\ q_2 \\ \vdots \\ 0 \\ \vdots \\ q_n \end{bmatrix} = \begin{bmatrix} p_1 \\ p_2 \\ \vdots \\ 0 \\ \vdots \\ p_n \end{bmatrix}$$

这种方法不改变原方程组的阶数和未知节点的排列顺序，简单方便，但仅适用于给定零位移的情况，对于非零位移边界条件的情况不适用。

3. 对角线元素乘大数法

对角线元素乘大数法的原则是：对于整体刚度方程，若节点位移中第 i 个位移分量为常数，表示为 $q_i = \bar{q}_i$，则只需要将对应整体刚度矩阵中对角线上元素 K_{ii} 乘以一个大数 Max，其余行和列的元素均不变，并将节点力中对应元素变为 $p_i = \text{Max} \cdot K_{ii}\bar{q}_i$。因此可看出，对角线元素乘大数法允许节点处有一定的位移，适用于位移边界条件为非零位移的情况。

$$
\begin{bmatrix}
K_{11} & K_{12} & \cdots & K_{1(i-1)} & K_{1i} & \cdots & K_{1n} \\
K_{21} & K_{22} & \cdots & K_{2(i-1)} & K_{2i} & \cdots & K_{2n} \\
\vdots & \vdots & & \vdots & \vdots & & \vdots \\
K_{i1} & K_{i2} & \cdots & K_{i(i-1)} & \text{Max} \cdot K_{ii} & \cdots & K_{in} \\
\vdots & \vdots & & \vdots & \vdots & & \vdots \\
K_{n1} & K_{n2} & \cdots & K_{n(i-1)} & K_{ni} & \cdots & K_{nn}
\end{bmatrix}
\begin{bmatrix}
q_1 \\ q_2 \\ \vdots \\ q_i \\ \vdots \\ q_n
\end{bmatrix}
=
\begin{bmatrix}
p_1 \\ p_2 \\ \vdots \\ \text{Max} \cdot K_{ii}\bar{q}_i \\ \vdots \\ p_n
\end{bmatrix}
$$

例如，若大数 $\text{Max} = 10^{10}$，则方程展示第 i 行为

$$
K_{i1}q_1 + K_{i2}q_2 + \cdots + K_{i(i-1)}q_{i-1} + 10^{10}K_{ii}q_i + \cdots + K_{in}q_n = 10^{10}K_{ii}\bar{q}_i
$$

略去方程中的小量，则有 $q_i \approx \bar{q}_i$。

由此可知，对角线元素乘大数法只需近似满足已知边界条件，即可得到应有的效果。这种方法在引入位移边界条件时不改变方程组的阶数和未知节点的排列顺序，简单实用，编程方便，且适用于给定非零位移的情况，在有限元分析软件求解时广泛应用。

对考虑边界条件后的方程组可进行求解，得到未知节点位移分量，从而得到所有单元的节点位移 $\boldsymbol{q}^e$，将求解得到的非零节点位移值代入整体刚度方程中解得未知节点力分量，再由关系式 $\boldsymbol{\sigma}^e = \boldsymbol{S}\boldsymbol{q}^e$ 和 $\boldsymbol{\varepsilon}^e = \boldsymbol{B}\boldsymbol{q}^e$ 可进一步计算得到单元的应力和应变。

3.3　4 节点矩形平面单元

在平面问题中，3 节点三角形平面单元具有结构简单、易于网格划分和边界逼近精度相对较高的优点，但由于其单元应变矩阵和单元应力矩阵均是常数矩阵，因此对于应力集中的区域不能得到贴近真实的逼近精度。而矩形平面单元的单元应变矩阵和单元应力矩阵均是线性变化的，对于应力集中区域的逼近精度较高，但缺点是对于边界的逼近精度较低，特别是对于曲边边界的逼近精度较低。

针对矩形平面单元的问题，一方面可通过增加单元的节点数量的方式（如 8 节点矩形平面单元）来提高单元的逼近精度，但这会增加网格划分的计算量和求解时间；另一方面可采用非矩形的四边形平面单元，这样可以在保证不增加计算量的前提下提高边界的逼近精度，这部分内容将在 3.4 节介绍。然而，无论是增加节点的矩形平面单元还是任意形状的四边形平面单元，都是以 4 节点矩形平面单元为基础，进行坐标系变换得到的。

如图 3-17 所示，任意选取一个 4 节点矩形平面单元，单元内任一点坐标为 (x, y)，

对应位移为 (u, v)，单元节点的编号分别为 1、2、3、4，对应的节点位置坐标分别为 (x_1, y_1)、(x_2, y_2)、(x_3, y_3)、(x_4, y_4)，对应的节点位移分别为 (u_1, v_1)、(u_2, v_2)、(u_3, v_3)、(u_4, v_4)，故该矩形平面单元中有 4 个节点、对应 8 个位移分量，共有 8 个节点位移自由度。单元的节点位移和节点力列矩阵分别表示为

$$\boldsymbol{q}^{e} = \begin{bmatrix} u_1 & v_1 & u_2 & v_2 & u_3 & v_3 & u_4 & v_4 \end{bmatrix}^{T}$$

$$\boldsymbol{P}^{e} = \begin{bmatrix} P_{1x} & P_{1y} & P_{2x} & P_{2y} & P_{3x} & P_{3y} & P_{4x} & P_{4y} \end{bmatrix}^{T}$$

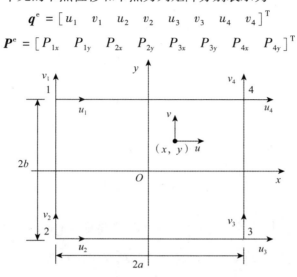

图 3-17 4 节点矩形单元节点位移分量

▶▶▶ 3.3.1 单元位移函数和形函数 ▶▶▶

结合 3.2.2 小节中单元位移函数的描述，并参考构造 3 节点三角形平面单元位移函数的方法，可知 4 节点矩形平面单元内任一点对应的位移函数表示为

$$\begin{cases} u = \overline{a}_1 + \overline{a}_2 x + \overline{a}_3 y + \overline{a}_4 xy \\ v = \overline{a}_5 + \overline{a}_6 x + \overline{a}_7 y + \overline{a}_8 xy \end{cases} \tag{3-32}$$

再把单元中 4 个节点的位置坐标代入上式，分别得到 4 个节点的位移为

$$\begin{cases} u_1 = \overline{a}_1 + \overline{a}_2 x_1 + \overline{a}_3 y_1 + \overline{a}_4 x_1 y_1 \\ u_2 = \overline{a}_1 + \overline{a}_2 x_2 + \overline{a}_3 y_2 + \overline{a}_4 x_2 y_2 \\ u_3 = \overline{a}_1 + \overline{a}_2 x_3 + \overline{a}_3 y_3 + \overline{a}_4 x_3 y_3 \\ u_4 = \overline{a}_1 + \overline{a}_2 x_4 + \overline{a}_3 y_4 + \overline{a}_4 x_4 y_4 \\ v_1 = \overline{a}_5 + \overline{a}_6 x_1 + \overline{a}_7 y_1 + \overline{a}_8 x_1 y_1 \\ v_2 = \overline{a}_5 + \overline{a}_6 x_2 + \overline{a}_7 y_2 + \overline{a}_8 x_2 y_2 \\ v_3 = \overline{a}_5 + \overline{a}_6 x_3 + \overline{a}_7 y_3 + \overline{a}_8 x_3 y_3 \\ v_4 = \overline{a}_5 + \overline{a}_6 x_4 + \overline{a}_7 y_4 + \overline{a}_8 x_4 y_4 \end{cases} \tag{3-33}$$

求解 $\overline{a}_1, \overline{a}_2, \cdots, \overline{a}_8$ 后，将其代入式(3-32)中，单元内任一点的位移函数表示为

$$\begin{cases} u = \sum_{i=1}^{4} N_i u_i = N_1 u_1 + N_2 u_2 + N_3 u_3 + N_4 u_4 \\ v = \sum_{i=1}^{4} N_i v_i = N_1 v_1 + N_2 v_2 + N_3 v_3 + N_4 v_4 \end{cases} \tag{3-34}$$

式中，N_1、N_2、N_3、N_4 为单元的形函数，且有

$$\begin{cases} N_1 = \dfrac{1}{4}\left(1 - \dfrac{x}{a}\right)\left(1 + \dfrac{y}{b}\right) \\ N_2 = \dfrac{1}{4}\left(1 - \dfrac{x}{a}\right)\left(1 - \dfrac{y}{b}\right) \\ N_3 = \dfrac{1}{4}\left(1 + \dfrac{x}{a}\right)\left(1 - \dfrac{y}{b}\right) \\ N_4 = \dfrac{1}{4}\left(1 + \dfrac{x}{a}\right)\left(1 + \dfrac{y}{b}\right) \end{cases} \tag{3-35}$$

令 $\xi = \dfrac{x}{a}$、$\eta = \dfrac{y}{b}$，则 4 节点矩形平面单元所在坐标系 Oxy 变为标准坐标系 $O'\xi\eta$，该单元转换为标准的正方形平面单元，此时对应的单元形函数 N_1、N_2、N_3、N_4 写成统一形式为

$$N_i = \frac{1}{4}(1 + \xi_i\xi)(1 + \eta_i\eta) \tag{3-36}$$

将单元的位移函数写成矩阵形式为

$$\boldsymbol{q} = \begin{bmatrix} u \\ v \end{bmatrix} = \begin{bmatrix} N_1 & 0 & N_2 & 0 & N_3 & 0 & N_4 & 0 \\ 0 & N_1 & 0 & N_2 & 0 & N_3 & 0 & N_4 \end{bmatrix} \begin{bmatrix} u_1 \\ v_1 \\ u_2 \\ v_2 \\ u_3 \\ v_3 \\ u_4 \\ v_4 \end{bmatrix} = \boldsymbol{N}\boldsymbol{q}^{\mathrm{e}} \tag{3-37}$$

其中，$\boldsymbol{N} = \begin{bmatrix} N_1 & 0 & N_2 & 0 & N_3 & 0 & N_4 & 0 \\ 0 & N_1 & 0 & N_2 & 0 & N_3 & 0 & N_4 \end{bmatrix}$ 为 4 节点矩形平面单元的形函数矩阵。

▶▶▶ 3.3.2 单元应变矩阵和单元应力矩阵 ▶▶▶ ▶

1. 单元应变矩阵

结合弹性力学平面问题的几何变形方程，将单元位移函数代入平面问题几何变形方程中，应变由 3 个分量组成，表示为

$$
\begin{cases}
\varepsilon_{xx} = \dfrac{\partial u}{\partial x} = \dfrac{\partial N_1}{\partial x}u_1 + \dfrac{\partial N_2}{\partial x}u_2 + \dfrac{\partial N_3}{\partial x}u_3 + \dfrac{\partial N_4}{\partial x}u_4 \\[2mm]
\varepsilon_{yy} = \dfrac{\partial v}{\partial y} = \dfrac{\partial N_1}{\partial y}v_1 + \dfrac{\partial N_2}{\partial y}v_2 + \dfrac{\partial N_3}{\partial y}v_3 + \dfrac{\partial N_4}{\partial y}v_4 \\[2mm]
\gamma_{xy} = \dfrac{\partial u}{\partial y} + \dfrac{\partial v}{\partial x} = \dfrac{\partial N_1}{\partial y}u_1 + \dfrac{\partial N_2}{\partial y}u_2 + \dfrac{\partial N_3}{\partial y}u_3 + \dfrac{\partial N_4}{\partial y}u_4 + \dfrac{\partial N_1}{\partial x}v_1 + \dfrac{\partial N_2}{\partial x}v_2 + \dfrac{\partial N_3}{\partial x}v_3 + \dfrac{\partial N_4}{\partial x}v_4
\end{cases}
\tag{3-38}
$$

几何变形方程写成矩阵形式为

$$
\boldsymbol{\varepsilon} = \begin{bmatrix} \varepsilon_{xx} \\ \varepsilon_{yy} \\ \gamma_{xy} \end{bmatrix} = \begin{bmatrix} \dfrac{\partial u}{\partial x} \\[2mm] \dfrac{\partial v}{\partial y} \\[2mm] \dfrac{\partial u}{\partial y} + \dfrac{\partial v}{\partial x} \end{bmatrix} = \begin{bmatrix} \dfrac{\partial N_1}{\partial x} & 0 & \dfrac{\partial N_2}{\partial x} & 0 & \dfrac{\partial N_3}{\partial x} & 0 & \dfrac{\partial N_4}{\partial x} & 0 \\[2mm] 0 & \dfrac{\partial N_1}{\partial y} & 0 & \dfrac{\partial N_2}{\partial y} & 0 & \dfrac{\partial N_3}{\partial y} & 0 & \dfrac{\partial N_4}{\partial y} \\[2mm] \dfrac{\partial N_1}{\partial y} & \dfrac{\partial N_1}{\partial x} & \dfrac{\partial N_2}{\partial y} & \dfrac{\partial N_2}{\partial x} & \dfrac{\partial N_3}{\partial y} & \dfrac{\partial N_3}{\partial x} & \dfrac{\partial N_4}{\partial y} & \dfrac{\partial N_4}{\partial x} \end{bmatrix} \begin{bmatrix} u_1 \\ v_1 \\ u_2 \\ v_2 \\ u_3 \\ v_3 \\ u_4 \\ v_4 \end{bmatrix}
\tag{3-39}
$$

即有

$$
\boldsymbol{\varepsilon} = \boldsymbol{B}\boldsymbol{q}^{e} = \begin{bmatrix} \boldsymbol{B}_1 & \boldsymbol{B}_2 & \boldsymbol{B}_3 & \boldsymbol{B}_4 \end{bmatrix}\boldsymbol{q}^{e}
\tag{3-40}
$$

$$
\boldsymbol{BN} = \begin{bmatrix} \dfrac{\partial N_1}{\partial x} & 0 & \dfrac{\partial N_2}{\partial x} & 0 & \dfrac{\partial N_3}{\partial x} & 0 & \dfrac{\partial N_4}{\partial x} & 0 \\[2mm] 0 & \dfrac{\partial N_1}{\partial y} & 0 & \dfrac{\partial N_2}{\partial y} & 0 & \dfrac{\partial N_3}{\partial y} & 0 & \dfrac{\partial N_4}{\partial y} \\[2mm] \dfrac{\partial N_1}{\partial y} & \dfrac{\partial N_1}{\partial x} & \dfrac{\partial N_2}{\partial y} & \dfrac{\partial N_2}{\partial x} & \dfrac{\partial N_3}{\partial y} & \dfrac{\partial N_3}{\partial x} & \dfrac{\partial N_4}{\partial y} & \dfrac{\partial N_4}{\partial x} \end{bmatrix}
\tag{3-41}
$$

将式(3-35)代入式(3-41),得到

$$
\frac{\partial N_1}{\partial x} = -\frac{1}{4a}\left(1 + \frac{y}{b}\right),\ \frac{\partial N_2}{\partial x} = -\frac{1}{4a}\left(1 - \frac{y}{b}\right),\ \frac{\partial N_3}{\partial x} = \frac{1}{4a}\left(1 - \frac{y}{b}\right),\ \frac{\partial N_4}{\partial x} = \frac{1}{4a}\left(1 + \frac{y}{b}\right)
$$

$$
\frac{\partial N_1}{\partial y} = \frac{1}{4b}\left(1 - \frac{x}{a}\right),\ \frac{\partial N_2}{\partial y} = -\frac{1}{4b}\left(1 - \frac{x}{a}\right),\ \frac{\partial N_3}{\partial y} = -\frac{1}{4b}\left(1 + \frac{x}{a}\right),\ \frac{\partial N_4}{\partial y} = \frac{1}{4b}\left(1 + \frac{x}{a}\right)
$$

整理得单元应变矩阵 $\boldsymbol{B}$ 为

$$
\boldsymbol{B} = \frac{1}{4ab} \begin{bmatrix} -b-y & 0 & -b+y & 0 & b-y & 0 & b+y & 0 \\ 0 & a-x & 0 & -a+x & 0 & -a-x & 0 & a+x \\ a-x & -b-y & -a+x & -b+y & -a-x & b-y & a+x & b+y \end{bmatrix}
\tag{3-42}
$$

由此可看出,矩形平面单元应变矩阵中各分量均是坐标 x、y 的线性函数,其中应变分量 ε_{xx} 是坐标 y 的线性函数,应变分量 ε_{yy} 是坐标 x 的线性函数,应变分量 γ_{xy} 是坐标 x 和

y 的线性函数，因此单元应变矩阵 $\boldsymbol{B}$ 为非常数矩阵。

2. 单元应力矩阵

由于弹性力学平面问题的物理本构方程描述的是应力与应变间的关系，因此单元的应力表示为

$$\boldsymbol{\sigma} = \begin{bmatrix} \sigma_{xx} \\ \sigma_{yy} \\ \tau_{xy} \end{bmatrix} = \frac{E}{1-\mu^2} \begin{bmatrix} 1 & \mu & 0 \\ \mu & 1 & 0 \\ 0 & 0 & \dfrac{1-\mu}{2} \end{bmatrix} \begin{bmatrix} \varepsilon_{xx} \\ \varepsilon_{yy} \\ \gamma_{xy} \end{bmatrix} = \boldsymbol{D\varepsilon} \tag{3-43}$$

其中，弹性系数矩阵 $\boldsymbol{D} = \dfrac{E}{1-\mu^2} \begin{bmatrix} 1 & \mu & 0 \\ \mu & 1 & 0 \\ 0 & 0 & \dfrac{1-\mu}{2} \end{bmatrix}$，与三角形平面单元相同。

$$\boldsymbol{\sigma} = \boldsymbol{D\varepsilon} = \boldsymbol{DB}\boldsymbol{q}^{\mathrm{e}} = \boldsymbol{S}\boldsymbol{q}^{\mathrm{e}} = \begin{bmatrix} \boldsymbol{S}_1 & \boldsymbol{S}_2 & \boldsymbol{S}_3 & \boldsymbol{S}_4 \end{bmatrix} \boldsymbol{q}^{\mathrm{e}} \tag{3-44}$$

对于平面应力问题，有

$$\boldsymbol{S} = \boldsymbol{DB}$$

$$= \frac{E}{4ab(1-\mu^2)} \begin{bmatrix} -b-y & \mu(a-x) & -b+y & \mu(-a+x) \\ -\mu(b+y) & a-x & \mu(-b+y) & -a+x \\ \dfrac{(1-\mu)(a-x)}{2} & -\dfrac{(1-\mu)(b+y)}{2} & \dfrac{(1-\mu)(-a+x)}{2} & \dfrac{(1-\mu)(-b+y)}{2} \end{bmatrix}$$

$$\begin{matrix} b-y & -\mu(a+x) & b+y & \mu(a+x) \\ \mu(b-y) & -a-x & \mu(b+y) & a+x \\ -\dfrac{(1-\mu)(a+x)}{2} & \dfrac{(1-\mu)(b-y)}{2} & \dfrac{(1-\mu)(a+x)}{2} & \dfrac{(1-\mu)(b+y)}{2} \end{matrix}$$

$$\tag{3-45}$$

由此可看出，4 节点矩形平面单元的单元应力矩阵中各应力分量亦均是坐标 x、y 的线性函数，即应力分量 σ_{xx}、σ_{yy}、τ_{xy} 均是坐标 x 和 y 的线性函数，因此单元应力矩阵 $\boldsymbol{S}$ 为非常数矩阵。

▶▶ 3.3.3 单元刚度矩阵 ▶▶▶

4 节点矩形平面单元的单元刚度矩阵为

$$\boldsymbol{K}^{\mathrm{e}} = \iint_A \boldsymbol{B}^{\mathrm{T}} \boldsymbol{DB} \mathrm{d}x\mathrm{d}y \cdot t = \begin{bmatrix} \boldsymbol{K}_{11} & \boldsymbol{K}_{12} & \boldsymbol{K}_{13} & \boldsymbol{K}_{14} \\ \boldsymbol{K}_{21} & \boldsymbol{K}_{22} & \boldsymbol{K}_{23} & \boldsymbol{K}_{24} \\ \boldsymbol{K}_{31} & \boldsymbol{K}_{32} & \boldsymbol{K}_{33} & \boldsymbol{K}_{34} \\ \boldsymbol{K}_{41} & \boldsymbol{K}_{42} & \boldsymbol{K}_{43} & \boldsymbol{K}_{44} \end{bmatrix}_{8\times8}$$

由此可看出，4 节点矩形平面单元的单元刚度矩阵是 8×8 阶矩阵形式，可表示为 4×4 阶子块矩阵且为对称矩阵，每个子块为 2×2 阶分块矩阵 $\boldsymbol{K}_{ij}(i, j = 1, 2, 3, 4)$ 且满足 $\boldsymbol{K}_{ij} = \boldsymbol{K}_{ji}$，其中 $\boldsymbol{K}_{11}$ 表示为

$$K_{11} = \iint_A B_1^T D_1 B_1 \mathrm{d}x\mathrm{d}y t = \iint_A B_1^T S_1 \mathrm{d}x\mathrm{d}y t$$

$$= \frac{Et}{16a^2b^2(1-\mu^2)} \iint_A \begin{bmatrix} (b+y)^2 + \dfrac{(1-\mu)(a-x)^2}{2} & -\mu(a-x)(b+y) - \dfrac{1-\mu}{2}(a-x)(b+y) \\ -\mu(a-x)(b+y) - \dfrac{1-\mu}{2}(a-x)(b+y) & (a-x)^2 + \dfrac{(1-\mu)(b+y)^2}{2} \end{bmatrix} \mathrm{d}x\mathrm{d}y$$

$$= \frac{Et}{1-\mu^2} \begin{bmatrix} \dfrac{b}{3a} + \dfrac{a(1-\mu)}{6b} & -\dfrac{1+\mu}{8} \\ -\dfrac{1+\mu}{8} & \dfrac{a}{3b} + \dfrac{b(1-\mu)}{6a} \end{bmatrix}$$

单元刚度矩阵中元素包括材料参数 E、μ 及结构几何尺寸 a、b、t，可见单元刚度矩阵中元素只与单元的形状、材料等有关（即只与单元应变矩阵 B 和弹性系数矩阵 D 有关），因此 4 节点矩形平面单元的单元刚度矩阵 K^e 为常数对称矩阵。

与 3.2.5 小节中推导 3 节点三角形平面单元的单元刚度方程过程相似，通过虚功原理推导出对应的 4 节点矩形平面单元的单元刚度方程为 $P^e = K^e q^e$，即

$$\begin{bmatrix} P_{1x} \\ P_{1y} \\ P_{2x} \\ P_{2y} \\ P_{3x} \\ P_{3y} \\ P_{4x} \\ P_{4y} \end{bmatrix} = \begin{bmatrix} K_{11} & K_{12} & K_{13} & K_{14} \\ K_{21} & K_{22} & K_{23} & K_{24} \\ K_{31} & K_{32} & K_{33} & K_{34} \\ K_{41} & K_{42} & K_{43} & K_{44} \end{bmatrix}_{8\times8} \begin{bmatrix} u_1 \\ v_1 \\ u_2 \\ v_2 \\ u_3 \\ v_3 \\ u_4 \\ v_4 \end{bmatrix} \tag{3-46}$$

3.4　平面等参数单元

对于复杂的变形体，特别是边界几何形状不规则的变形体（如曲边边界），采用形状规则的单元（如三角形平面单元、矩形平面单元、正四面体单元、正六面体单元等）不能更好、更真实地逼近实际结构，这时就想，能不能用非规则的、一般的几何形状单元来进行分析，以减小逼近误差呢？采用任意几何形状的单元如不规则四边形平面单元、不规则六面体单元等离散逼近复杂变形体能具有更好的适应性。

特别对于曲边边界或曲面边界问题，一方面可通过增加单元的节点数（如 8 节点四边形平面单元、10 节点四面体单元）从而提高单元的逼近精度；另一方面还可通过节点重合的方法使四边形平面单元退化为三角形平面单元、六面体单元退化为五面体单元等，从而适用于更复杂的变形体。这类具有较强适应复杂问题能力的单元就是等参数单元。

等参数单元具有更好地适应复杂边界和更易实现高精度要求等优点，是求解实际复杂变形体问题的过程中使用最广泛的单元，在有限元方法中占据重要的位置。但是，等参数单元的单元直接构造分析比较困难，需要基于规则单元采用单元映射的方式得到。

建立等参数单元的基本思想：首先在标准坐标系下建立形状规则的单元(如矩形平面单元、正四面体单元等)进行单元特性分析，再利用形函数建立坐标系的变换关系，通过形函数坐标变换得到整体坐标系下建立的任意形状单元的形函数，然后将任意几何形状单元问题转化为规则单元问题进行有限元分析。由于任意几何形状单元的位移函数插值(即形函数)节点数与坐标变换的节点数相等，即形函数相同、形函数阶次相同，故称为**等参数单元**(简称**等参元**)。

下面以平面问题中最简单的 4 节点四边形等参数单元为例，介绍等参数单元的坐标系间变换、单元位移函数构造及单元刚度矩阵的分析方法和过程。

▶▶|3.4.1　形函数变换 ▶▶ ▶

首先建立标准坐标系 $O'\xi\eta$ 下的规则四边形平面单元——正方形平面单元，设定该单元的边长为 2，如图 3-18 所示。其次，在整体坐标系 Oxy 下建立任意形状的四边形平面单元即映射单元，如图 3-19 所示。

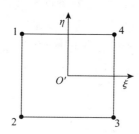

图 3-18　正方形平面单元

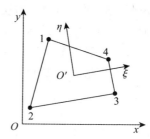

图 3-19　任意形状的四边形平面单元

设正方形平面单元与任意形状的四边形单元间的坐标变换在节点处的形式为

$$\begin{cases} x_i = x_i(\xi_i, \ \eta_i) \\ y_i = y_i(\xi_i, \ \eta_i) \end{cases} (i = 1, \ 2, \ 3, \ 4)$$

式中，$(\xi_i, \ \eta_i)$ 为标准坐标系下单元上节点的坐标，$(x_i, \ y_i)$ 为整体坐标系下单元上节点的坐标。

根据 3.3 节中标准坐标系下 4 节点矩形平面单元的单元位移函数表达形式，在整体坐标系下任意形状的四边形平面单元的位移函数具有同样的表达形式，即

$$\begin{cases} u = \bar{a}_1 + \bar{a}_2 x + \bar{a}_3 y + \bar{a}_4 xy \\ v = \bar{a}_5 + \bar{a}_6 x + \bar{a}_7 y + \bar{a}_8 xy \end{cases} \tag{3-47}$$

将单元中 4 个节点的位置坐标代入上式中，求解出待定系数 $\bar{a}_1, \ \bar{a}_2, \ \cdots, \ \bar{a}_8$，位移函数用形函数的方式表示为

$$\begin{cases} u(x, \ y) = \sum_{i=1}^{4} N_i(x, \ y)u_i \\ v(x, \ y) = \sum_{i=1}^{4} N_i(x, \ y)v_i \end{cases} \tag{3-48}$$

再用形函数的方式描述任意形状的四边形平面单元的位移函数为

$$\begin{cases} u(\xi, \eta) = \sum_{i=1}^{4} N_i(\xi, \eta) u_i = N_1(\xi, \eta) u_1 + N_2(\xi, \eta) u_2 + N_3(\xi, \eta) u_3 + N_4(\xi, \eta) u_4 \\ v(\xi, \eta) = \sum_{i=1}^{4} N_i(\xi, \eta) v_i = N_1(\xi, \eta) v_1 + N_2(\xi, \eta) v_2 + N_3(\xi, \eta) v_3 + N_4(\xi, \eta) v_4 \end{cases}$$

(3-49)

写成矩阵形式为

$$\boldsymbol{q} = \begin{bmatrix} u \\ v \end{bmatrix} = \begin{bmatrix} N_1 & 0 & N_2 & 0 & N_3 & 0 & N_4 & 0 \\ 0 & N_1 & 0 & N_2 & 0 & N_3 & 0 & N_4 \end{bmatrix} \begin{bmatrix} u_1 \\ v_1 \\ u_2 \\ v_2 \\ u_3 \\ v_3 \\ u_4 \\ v_4 \end{bmatrix} = \boldsymbol{N} \boldsymbol{q}^{\mathrm{e}}$$

(3-50)

其中，

$$\begin{cases} N_1(x, y) = \dfrac{1}{4}\left(1 - \dfrac{x}{a}\right)\left(1 - \dfrac{y}{b}\right) \\ N_2(x, y) = \dfrac{1}{4}\left(1 + \dfrac{x}{a}\right)\left(1 - \dfrac{y}{b}\right) \\ N_3(x, y) = \dfrac{1}{4}\left(1 + \dfrac{x}{a}\right)\left(1 + \dfrac{y}{b}\right) \\ N_4(x, y) = \dfrac{1}{4}\left(1 - \dfrac{x}{a}\right)\left(1 + \dfrac{y}{b}\right) \end{cases}$$

(3-51)

将上式表述成无量纲的形式，则有

$$N_i(\xi, \eta) = \frac{1}{4}(1 + \xi_i \xi)(1 + \eta_i \eta) \quad (i = 1, 2, 3, 4)$$

(3-52)

$N_i(\xi, \eta)$ 即为标准坐标系下的形函数，这与 3.3 节中 4 节点矩形平面单元的形函数表达式 (3-36) 形式完全一致。

▶▶▶ 3.4.2 坐标变换 ▶▶▶

在等参数单元中，单元位移函数与坐标变换函数具有相同的节点数，形函数描述单元位移函数的方式同样适用于描述几何坐标的变换关系，即采用与式 (3-49) 相同的构造形式可得

$$\begin{cases} x(\xi, \eta) = \sum_{i=1}^{4} N_i(\xi, \eta) x_i = N_1(\xi, \eta) x_1 + N_2(\xi, \eta) x_2 + N_3(\xi, \eta) x_3 + N_4(\xi, \eta) x_4 \\ y(\xi, \eta) = \sum_{i=1}^{4} N_i(\xi, \eta) y_i = N_1(\xi, \eta) y_1 + N_2(\xi, \eta) y_2 + N_3(\xi, \eta) y_3 + N_4(\xi, \eta) y_4 \end{cases}$$

(3-53)

上式的 $N_i(\xi, \eta)$ 仍是式（3-52）中的形函数，即保证在两个坐标系间变换时单元上各节点完全对应。

▶▶▶ 3.4.3 单元应变矩阵和单元应力矩阵 ▶▶▶ ▶

与 4 节点矩形平面单元的单元应变矩阵和单元应力矩阵表达方式类似，结合弹性力学平面问题的几何变形方程，四边形等参数单元的应变由 3 个分量组成，在标准坐标系下应变用矩阵形式表示为

$$\boldsymbol{\varepsilon} = \begin{bmatrix} \varepsilon_{xx} \\ \varepsilon_{yy} \\ \gamma_{xy} \end{bmatrix} = \begin{bmatrix} \dfrac{\partial u}{\partial x} \\ \dfrac{\partial v}{\partial y} \\ \dfrac{\partial u}{\partial y} + \dfrac{\partial v}{\partial x} \end{bmatrix} = \boldsymbol{B}\boldsymbol{q}^{\mathrm{e}} = \begin{bmatrix} \boldsymbol{B}_1 & \boldsymbol{B}_2 & \boldsymbol{B}_3 & \boldsymbol{B}_4 \end{bmatrix} \boldsymbol{q}^{\mathrm{e}} \tag{3-54}$$

$$= \begin{bmatrix} \boldsymbol{B}_1 & \boldsymbol{B}_2 & \boldsymbol{B}_3 & \boldsymbol{B}_4 \end{bmatrix} \begin{bmatrix} u_1 & v_1 & u_2 & v_2 & u_3 & v_3 & u_4 & v_4 \end{bmatrix}^{\mathrm{T}}$$

其中，

$$\boldsymbol{B} = \begin{bmatrix} \boldsymbol{B}_1 & \boldsymbol{B}_2 & \boldsymbol{B}_3 & \boldsymbol{B}_4 \end{bmatrix}$$

$$= \begin{bmatrix} \dfrac{\partial N_1(\xi, \eta)}{\partial x} & 0 & \dfrac{\partial N_2(\xi, \eta)}{\partial x} & 0 & \dfrac{\partial N_3(\xi, \eta)}{\partial x} \\ 0 & \dfrac{\partial N_1(\xi, \eta)}{\partial y} & 0 & \dfrac{\partial N_2(\xi, \eta)}{\partial y} & 0 \\ \dfrac{\partial N_1(\xi, \eta)}{\partial y} & \dfrac{\partial N_1(\xi, \eta)}{\partial x} & \dfrac{\partial N_2(\xi, \eta)}{\partial y} & \dfrac{\partial N_2(\xi, \eta)}{\partial x} & \dfrac{\partial N_3(\xi, \eta)}{\partial y} \end{bmatrix}$$

$$\begin{matrix} 0 & \dfrac{\partial N_4(\xi, \eta)}{\partial x} & 0 \\ \dfrac{\partial N_3(\xi, \eta)}{\partial y} & 0 & \dfrac{\partial N_4(\xi, \eta)}{\partial y} \\ \dfrac{\partial N_3(\xi, \eta)}{\partial x} & \dfrac{\partial N_4(\xi, \eta)}{\partial y} & \dfrac{\partial N_4(\xi, \eta)}{\partial x} \end{matrix}$$

单元应变矩阵 $\boldsymbol{B}$ 为在标准坐标系下的形函数 $N_i(\xi, \eta)$ 对 x、y 求偏导数而得。

在标准坐标系 $O'\xi\eta$ 和整体坐标系 Oxy 间，任意函数对 x、y 求偏导数的变换公式为

$$\begin{cases} \dfrac{\partial N_i}{\partial \xi} = \dfrac{\partial x}{\partial \xi} \dfrac{\partial N_i}{\partial x} + \dfrac{\partial y}{\partial \xi} \dfrac{\partial N_i}{\partial y} \\ \dfrac{\partial N_i}{\partial \eta} = \dfrac{\partial x}{\partial \eta} \dfrac{\partial N_i}{\partial x} + \dfrac{\partial y}{\partial \eta} \dfrac{\partial N_i}{\partial y} \end{cases} \tag{3-55}$$

将上式写成矩阵形式为

$$\begin{bmatrix} \dfrac{\partial N_i}{\partial \xi} \\ \dfrac{\partial N_i}{\partial \eta} \end{bmatrix} = \begin{bmatrix} \dfrac{\partial x}{\partial \xi} & \dfrac{\partial y}{\partial \xi} \\ \dfrac{\partial x}{\partial \eta} & \dfrac{\partial y}{\partial \eta} \end{bmatrix} \begin{bmatrix} \dfrac{\partial N_i}{\partial x} \\ \dfrac{\partial N_i}{\partial y} \end{bmatrix} \tag{3-56}$$

其中，$\boldsymbol{J} = \begin{bmatrix} \dfrac{\partial x}{\partial \xi} & \dfrac{\partial y}{\partial \xi} \\ \dfrac{\partial x}{\partial \eta} & \dfrac{\partial y}{\partial \eta} \end{bmatrix}$ 为雅可比矩阵。

而 $\dfrac{\partial x}{\partial \xi} = \sum\limits_{i=1}^{4} \dfrac{\partial N_i}{\partial \xi} x_i$，$\dfrac{\partial y}{\partial \xi} = \sum\limits_{i=1}^{4} \dfrac{\partial N_i}{\partial \xi} y_i$，$\dfrac{\partial x}{\partial \eta} = \sum\limits_{i=1}^{4} \dfrac{\partial N_i}{\partial \eta} x_i$，$\dfrac{\partial y}{\partial \eta} = \sum\limits_{i=1}^{4} \dfrac{\partial N_i}{\partial \eta} y_i$，因此雅可比矩阵可表示为

$$\boldsymbol{J} = \begin{bmatrix} \dfrac{\partial x}{\partial \xi} & \dfrac{\partial y}{\partial \xi} \\ \dfrac{\partial x}{\partial \eta} & \dfrac{\partial y}{\partial \eta} \end{bmatrix} = \begin{bmatrix} \sum\limits_{i=1}^{4} \dfrac{\partial N_i}{\partial \xi} x_i & \sum\limits_{i=1}^{4} \dfrac{\partial N_i}{\partial \xi} y_i \\ \sum\limits_{i=1}^{4} \dfrac{\partial N_i}{\partial \eta} x_i & \sum\limits_{i=1}^{4} \dfrac{\partial N_i}{\partial \eta} y_i \end{bmatrix} \tag{3-57}$$

为了求 $\dfrac{\partial N_i}{\partial x}$、$\dfrac{\partial N_i}{\partial y}$，将式（3-56）写成逆矩阵形式为

$$\begin{bmatrix} \dfrac{\partial N_i}{\partial x} \\ \dfrac{\partial N_i}{\partial y} \end{bmatrix} = \boldsymbol{J}^{-1} \begin{bmatrix} \dfrac{\partial N_i}{\partial \xi} \\ \dfrac{\partial N_i}{\partial \eta} \end{bmatrix} \tag{3-58}$$

其中，$\boldsymbol{J}^{-1} = \dfrac{1}{|\boldsymbol{J}|} \begin{bmatrix} \dfrac{\partial y}{\partial \eta} & -\dfrac{\partial y}{\partial \xi} \\ -\dfrac{\partial x}{\partial \eta} & \dfrac{\partial x}{\partial \xi} \end{bmatrix}$，$|\boldsymbol{J}| = \dfrac{\partial x}{\partial \xi} \dfrac{\partial y}{\partial \eta} - \dfrac{\partial x}{\partial \eta} \dfrac{\partial y}{\partial \xi}$。

则得到形函数 $N_i(\xi, \eta)$ 对 x、y 的偏导数矩阵为

$$\begin{bmatrix} \dfrac{\partial N_i(\xi, \eta)}{\partial x} \\ \dfrac{\partial N_i(\xi, \eta)}{\partial y} \end{bmatrix} = \dfrac{1}{|\boldsymbol{J}|} \begin{bmatrix} \dfrac{\partial y}{\partial \eta} & -\dfrac{\partial y}{\partial \xi} \\ -\dfrac{\partial x}{\partial \eta} & \dfrac{\partial x}{\partial \xi} \end{bmatrix} \begin{bmatrix} \dfrac{\partial N_i(\xi, \eta)}{\partial \xi} \\ \dfrac{\partial N_i(\xi, \eta)}{\partial \eta} \end{bmatrix} \tag{3-59}$$

整理得单元应变矩阵 $\boldsymbol{B}$ 中的分块矩阵 $\boldsymbol{B}_i (i = 1, 2, 3, 4)$ 为

$$\boldsymbol{B}_i = \dfrac{1}{|\boldsymbol{J}|} \begin{bmatrix} \dfrac{\partial y}{\partial \eta} \dfrac{\partial N_i}{\partial \xi} - \dfrac{\partial y}{\partial \xi} \dfrac{\partial N_i}{\partial \xi} & 0 \\ 0 & \dfrac{\partial x}{\partial \xi} \dfrac{\partial N_i}{\partial \eta} - \dfrac{\partial x}{\partial \eta} \dfrac{\partial N_i}{\partial \xi} \\ \dfrac{\partial x}{\partial \xi} \dfrac{\partial N_i}{\partial \eta} - \dfrac{\partial x}{\partial \eta} \dfrac{\partial N_i}{\partial \xi} & \dfrac{\partial y}{\partial \eta} \dfrac{\partial N_i}{\partial \xi} - \dfrac{\partial y}{\partial \xi} \dfrac{\partial N_i}{\partial \xi} \end{bmatrix} \tag{3-60}$$

同样地，由于弹性力学平面问题的物理本构方程描述的是应力与应变间的关系，因此单元的应力表示为

$$\boldsymbol{\sigma} = \boldsymbol{D}\boldsymbol{\varepsilon} = \boldsymbol{D}\boldsymbol{B}\boldsymbol{q}^e = \boldsymbol{S}\boldsymbol{q}^e = \begin{bmatrix} \boldsymbol{S}_1 & \boldsymbol{S}_2 & \boldsymbol{S}_3 & \boldsymbol{S}_4 \end{bmatrix} \boldsymbol{q}^e \tag{3-61}$$

其中，$\boldsymbol{D} = \dfrac{E}{1-\mu^2} \begin{bmatrix} 1 & \mu & 0 \\ \mu & 1 & 0 \\ 0 & 0 & \dfrac{1-\mu}{2} \end{bmatrix}$ 为弹性系数矩阵。

整理得单元应变矩阵 S 中的分块矩阵 $S_i(i=1, 2, 3, 4)$ 为

$$S_i = DB_i = \frac{1}{|J|} \frac{E}{1-\mu^2} \begin{bmatrix} 1 & \mu & 0 \\ \mu & 1 & 0 \\ 0 & 0 & \frac{1-\mu}{2} \end{bmatrix} \begin{bmatrix} \frac{\partial y}{\partial \eta} \frac{\partial N_i}{\partial \xi} - \frac{\partial y}{\partial \xi} \frac{\partial N_i}{\partial \xi} & 0 \\ 0 & \frac{\partial x}{\partial \xi} \frac{\partial N_i}{\partial \eta} - \frac{\partial x}{\partial \eta} \frac{\partial N_i}{\partial \xi} \\ \frac{\partial x}{\partial \xi} \frac{\partial N_i}{\partial \eta} - \frac{\partial x}{\partial \eta} \frac{\partial N_i}{\partial \xi} & \frac{\partial y}{\partial \eta} \frac{\partial N_i}{\partial \xi} - \frac{\partial y}{\partial \xi} \frac{\partial N_i}{\partial \xi} \end{bmatrix} \quad (3-62)$$

由此可看出，等参数单元的单元应变矩阵和单元应力矩阵中各分量均是坐标 ξ、η 的函数，单元应变矩阵和单元应力矩阵均不是常数矩阵。

对 4 节点四边形平面单元而言，由于其标准坐标系下的形函数为

$$N_i(\xi, \eta) = \frac{1}{4}(1 + \xi_i\xi)(1 + \eta_i\eta) \ (i = 1, 2, 3, 4)$$

其单元节点的坐标为

$(\xi_1, \eta_1) = (-1, -1)$，$(\xi_2, \eta_2) = (1, -1)$，$(\xi_3, \eta_3) = (1, 1)$，$(\xi_4, \eta_4) = (-1, 1)$

标准坐标系下的形函数对节点坐标求偏导数为

$$\frac{\partial N_i}{\partial \xi} = \frac{1}{4}\xi_i(1 + \eta_i\eta), \ \frac{\partial N_i}{\partial \eta} = \frac{1}{4}\eta_i(1 + \xi_i\xi) \quad (3-63)$$

将式(3-63)代入式(3-58)中，有

$$\begin{bmatrix} \frac{\partial N_i}{\partial x} \\ \frac{\partial N_i}{\partial y} \end{bmatrix} = J^{-1} \begin{bmatrix} \frac{\partial N_i}{\partial \xi} \\ \frac{\partial N_i}{\partial \eta} \end{bmatrix} = J^{-1} \begin{bmatrix} \frac{1}{4}\xi_i(1 + \eta_i\eta) \\ \frac{1}{4}\eta_i(1 + \xi_i\xi) \end{bmatrix} \quad (3-64)$$

雅可比矩阵的逆阵 J^{-1} 为

$$J^{-1} = \frac{1}{|J|} \begin{bmatrix} \frac{\partial y}{\partial \eta} & -\frac{\partial y}{\partial \xi} \\ -\frac{\partial x}{\partial \eta} & \frac{\partial x}{\partial \xi} \end{bmatrix} = \frac{1}{|J|} \begin{bmatrix} \sum_{i=1}^{4} \frac{\partial N_i}{\partial \eta} y_i & -\sum_{i=1}^{4} \frac{\partial N_i}{\partial \xi} y_i \\ -\sum_{i=1}^{4} \frac{\partial N_i}{\partial \eta} x_i & \sum_{i=1}^{4} \frac{\partial N_i}{\partial \xi} x_i \end{bmatrix}$$

$$= \frac{1}{|J|} \begin{bmatrix} \sum_{i=1}^{4} \frac{1}{4}\eta_i(1 + \xi_i\xi) y_i & -\sum_{i=1}^{4} \frac{1}{4}\xi_i(1 + \eta_i\eta) y_i \\ -\sum_{i=1}^{4} \frac{1}{4}\eta_i(1 + \xi_i\xi) x_i & \sum_{i=1}^{4} \frac{1}{4}\xi_i(1 + \eta_i\eta) x_i \end{bmatrix} \quad (3-65)$$

$$|J| = \frac{\partial x}{\partial \xi}\frac{\partial y}{\partial \eta} - \frac{\partial x}{\partial \eta}\frac{\partial y}{\partial \xi}$$

$$= \left[\sum_{i=1}^{4} \frac{1}{4}\xi_i(1 + \eta_i\eta)x_i\right]\left[\sum_{i=1}^{4} \frac{1}{4}\eta_i(1 + \xi_i\xi)y_i\right] - \quad (3-66)$$

$$\left[\sum_{i=1}^{4} \frac{1}{4}\eta_i(1 + \xi_i\xi)x_i\right]\left[\sum_{i=1}^{4} \frac{1}{4}\xi_i(1 + \eta_i\eta)y_i\right]$$

▶▶▶ 3.4.4 单元刚度矩阵 ▶▶▶

在求解任意形式四边形平面单元的单元刚度矩阵时，得到整体坐标系下单元的积分形式，因此在具体操作时也要将其转换到标准坐标系下进行单元的积分。在整体坐标系下各方向的微元面分量表示为

$$\begin{cases} \mathrm{d}x = \dfrac{\partial x}{\partial \xi}\mathrm{d}\xi \boldsymbol{i} + \dfrac{\partial y}{\partial \xi}\mathrm{d}\xi \boldsymbol{j} \\[2mm] \mathrm{d}y = \dfrac{\partial x}{\partial \eta}\mathrm{d}\eta \boldsymbol{i} + \dfrac{\partial y}{\partial \eta}\mathrm{d}\eta \boldsymbol{j} \end{cases} \tag{3-67}$$

微元面面积为

$$\mathrm{d}A = \mathrm{d}x\mathrm{d}y = \begin{vmatrix} \dfrac{\partial x}{\partial \xi} & \dfrac{\partial x}{\partial \eta} \\[2mm] \dfrac{\partial y}{\partial \xi} & \dfrac{\partial y}{\partial \eta} \end{vmatrix} \mathrm{d}\xi \mathrm{d}\eta = |\boldsymbol{J}|\mathrm{d}\xi \mathrm{d}\eta \tag{3-68}$$

由矩形单元的单元刚度矩阵表示为

$$\boldsymbol{K}^e = \int_V \boldsymbol{B}^\mathrm{T} \boldsymbol{DB}\mathrm{d}V = \iint_A \boldsymbol{B}^\mathrm{T} \boldsymbol{DB}\mathrm{d}A \cdot t = \begin{bmatrix} \boldsymbol{K}_{11} & \boldsymbol{K}_{12} & \boldsymbol{K}_{13} & \boldsymbol{K}_{14} \\ \boldsymbol{K}_{21} & \boldsymbol{K}_{22} & \boldsymbol{K}_{23} & \boldsymbol{K}_{24} \\ \boldsymbol{K}_{31} & \boldsymbol{K}_{32} & \boldsymbol{K}_{33} & \boldsymbol{K}_{34} \\ \boldsymbol{K}_{41} & \boldsymbol{K}_{42} & \boldsymbol{K}_{43} & \boldsymbol{K}_{44} \end{bmatrix}_{8\times 8} \tag{3-69}$$

由于等参数单元的单元应变矩阵和单元应力矩阵中各分量均是坐标 ξ、η 的函数，且标准坐标系下定义的正方形边长为 2，其各方向分量坐标范围均为 $[-1, 1]$，因此等参数单元的单元刚度矩阵通过坐标系间的变换可表示为 ξ、η 的函数，即

$$\boldsymbol{K}^e = \iint_A \boldsymbol{B}^\mathrm{T} \boldsymbol{DB}\mathrm{d}A \cdot t = \iint_A \boldsymbol{B}^\mathrm{T} \boldsymbol{DB}t\mathrm{d}x\mathrm{d}y = \iint_A \boldsymbol{B}^\mathrm{T} \boldsymbol{DB}t|\boldsymbol{J}|\mathrm{d}\xi \mathrm{d}\eta$$

$$= \int_{-1}^{1} \int_{-1}^{1} \boldsymbol{B}^\mathrm{T}(\xi, \eta)\boldsymbol{DB}(\xi, \eta)t|\boldsymbol{J}(\xi, \eta)|\mathrm{d}\xi \mathrm{d}\eta \tag{3-70}$$

由单元应变矩阵和单元刚度矩阵的表达式可知，雅可比矩阵的行列式需满足 $|\boldsymbol{J}| \neq 0$，坐标系间的变换矩阵才有意义。

▶▶▶ 3.4.5 单元等效节点载荷 ▶▶▶

等参数单元的等效节点载荷求解方式与 3.2.6 小节中的相似，不同在于载荷公式的积分是基于标准坐标系进行的，这里需转换成整体坐标系对应的积分形式。

1. 体积力载荷的等效节点载荷

在整个单元上分布体积力的等效节点载荷向量为

$$\boldsymbol{F}_b^e = \int_V \boldsymbol{N}^\mathrm{T} \boldsymbol{b}^e \mathrm{d}V = \iint_A \boldsymbol{N}^\mathrm{T} \boldsymbol{b}^e t\mathrm{d}A$$

对于平面问题，微元体体积为 $\mathrm{d}V = t\mathrm{d}A = t\mathrm{d}x\mathrm{d}y$，结合式(3-66)可得到转换成标准坐标系后的单元的体积力载荷的等效节点载荷为

$$F_b^e = \int_V N^T b^e dV = \iint_A N^T b^e t dx dy = \iint_A N^T b^e t |J| d\xi d\eta$$

$$= \int_{-1}^{1} \int_{-1}^{1} N^T(\xi, \eta) b^e t |J(\xi, \eta)| d\xi d\eta$$

2. 面力载荷的等效节点载荷

在整个单元上分布的面力载荷的等效节点载荷向量为

$$F_P^e = \iint_A N^T \overline{P}^e dA$$

对于平面问题，微元面面积 $dA = tdl$，则等效节点载荷向量为

$$F_P^e = \int_{-1}^{1} N^T \overline{P}^e t dl$$

微元面的长度为 $dl = \sqrt{\left(\dfrac{\partial x}{\partial \xi}\right)^2 + \left(\dfrac{\partial y}{\partial \xi}\right)^2} d\xi$，可得标准坐标系下的单元面力等效节点载荷为

$$F_P^e = \int_{-1}^{1} N^T \overline{P}^e t dl = -t \int_{-1}^{1} N^T(\xi, \eta) \overline{P}^e \sqrt{\left(\frac{\partial x}{\partial \xi}\right)^2 + \left(\frac{\partial y}{\partial \xi}\right)^2} d\xi$$

由此可知，等参数单元形函数 $N(\xi, \eta)$ 为 ξ、η 的函数，计算单元体积力载荷和面力载荷的等效节点载荷时，积分项中 b^e 和 $\overline{P}^e$ 也应转换为 ξ、η 的函数，需进一步用高斯求积分方式进行考虑。

若平面问题为 8 节点四边形等参数单元，其位移函数由节点高阶次形函数插值而得，更适合在复杂的曲线边界上使用。因此，四边形平面单元具有比三角形平面单元更高的逼近精度。而同样是四边形平面单元，8 节点四边形等参数单元除了 4 个角节点，还有各边中点处的 4 个边节点，具有比 4 节点四边形等参数单元更高的逼近精度，其单元分析的过程与 4 节点四边形等参数单元类似，读者可自行推导分析。

3.5 有限元分析过程——以平面问题为例

本节以一平面薄板的平面问题为例，介绍平面问题有限元分析的过程及步骤。如图 3-20 所示，该薄板的厚度为 $t = 0.01$ m，右侧节点 3（图 3-21）受集中载荷 $F = [F_{3x} \quad F_{3y}]^T = [2\ 000\ \text{N} \quad -2\ 000\ \text{N}]^T$，材料弹性模量 $E = 2.0 \times 10^{11}\ \text{N/m}^2$，泊松比 $\mu = 0.3$，下面分析该薄板的变形和应力情况。

首先，对结构进行离散化处理，生成由单元和节点构成的有限元模型。将薄板分成两个 3 节点三角形平面单元，各节点坐标分别为 $(0, 0)$、$(1, 0)$、$(1, 0.5)$、$(0, 0.5)$。单元编号分别为①和②，节点编号顺序分别为 2→4→1 和 4→2→3，对应的单元内局部编码均为 $i \rightarrow j \rightarrow m$，如图 3-21 所示。

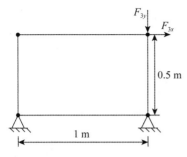

图 3-20 薄板的结构模型

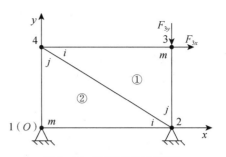

图 3-21 薄板的物理模型

其次，建立单元刚度矩阵。单元应变矩阵表示为

$$\boldsymbol{B}^{e} = \frac{1}{2A}\begin{bmatrix} b_i & 0 & b_j & 0 & b_m & 0 \\ 0 & c_i & 0 & c_j & 0 & c_m \\ c_i & b_i & c_j & b_j & c_m & b_m \end{bmatrix}$$

对于单元①，有

$$A = A_{(1)} = \frac{1}{2}\begin{vmatrix} 1 & x_i & y_i \\ 1 & x_j & y_j \\ 1 & x_m & y_m \end{vmatrix} = \frac{1}{2}\begin{vmatrix} 1 & x_2 & y_2 \\ 1 & x_4 & y_4 \\ 1 & x_1 & y_1 \end{vmatrix} = \frac{1}{4}\ \mathrm{m}^2$$

$$b_i = b_2 = y_4 - y_1 = 0.5,\ c_i = c_2 = x_1 - x_4 = 0$$

$$b_j = b_4 = y_1 - y_2 = 0,\ c_j = c_4 = x_2 - x_1 = 1$$

$$b_m = b_1 = y_2 - y_4 = -0.5,\ c_m = c_1 = x_4 - x_2 = -1$$

因此，单元①的单元应变矩阵为

$$\boldsymbol{B}^{e}_{(1)} = \frac{1}{2A}\begin{bmatrix} b_2 & 0 & b_4 & 0 & b_1 & 0 \\ 0 & c_2 & 0 & c_4 & 0 & c_1 \\ c_2 & b_2 & c_4 & b_4 & c_1 & b_1 \end{bmatrix} = \begin{bmatrix} 1 & 0 & 0 & 0 & -1 & 0 \\ 0 & 0 & 0 & 2 & 0 & -2 \\ 0 & 1 & 2 & 0 & -2 & -1 \end{bmatrix}$$

对于单元②，有

$$A = A_{(2)} = \frac{1}{2}\begin{vmatrix} 1 & x_i & y_i \\ 1 & x_j & y_j \\ 1 & x_m & y_m \end{vmatrix} = \frac{1}{2}\begin{vmatrix} 1 & x_4 & y_4 \\ 1 & x_2 & y_2 \\ 1 & x_3 & y_3 \end{vmatrix} = \frac{1}{4}\ \mathrm{m}^2$$

$$b_i = b_4 = y_2 - y_3 = -0.5,\ c_i = c_4 = x_3 - x_2 = 0$$

$$b_j = b_2 = y_3 - y_4 = 0,\ c_j = c_2 = x_4 - x_3 = -1$$

$$b_m = b_3 = y_4 - y_2 = 0.5,\ c_m = c_3 = x_2 - x_4 = 1$$

因此，单元②的单元应变矩阵为

$$\boldsymbol{B}^{e}_{(2)} = \frac{1}{2A}\begin{bmatrix} b_4 & 0 & b_2 & 0 & b_3 & 0 \\ 0 & c_4 & 0 & c_2 & 0 & c_3 \\ c_4 & b_4 & c_2 & b_2 & c_3 & b_3 \end{bmatrix} = -\begin{bmatrix} 1 & 0 & 0 & 0 & -1 & 0 \\ 0 & 0 & 0 & 2 & 0 & -2 \\ 0 & 1 & 2 & 0 & -2 & -1 \end{bmatrix}$$

进一步，单元①的单元应力矩阵为

$$S^e_{(1)} = \frac{E}{2(1-\mu^2)A} \begin{bmatrix} b_i & \mu c_i & b_j & \mu c_j & b_m & \mu c_m \\ \mu b_i & c_i & \mu b_j & c_j & \mu b_m & c_m \\ \frac{1-\mu}{2}c_i & \frac{1-\mu}{2}b_i & \frac{1-\mu}{2}c_j & \frac{1-\mu}{2}b_j & \frac{1-\mu}{2}c_m & \frac{1-\mu}{2}b_m \end{bmatrix}$$

$$= \frac{E}{0.91} \begin{bmatrix} b_2 & \mu c_2 & b_4 & \mu c_4 & b_1 & \mu c_1 \\ \mu b_2 & c_2 & \mu b_4 & c_4 & \mu b_1 & c_1 \\ \frac{1-\mu}{2}c_2 & \frac{1-\mu}{2}b_2 & \frac{1-\mu}{2}c_4 & \frac{1-\mu}{2}b_4 & \frac{1-\mu}{2}c_1 & \frac{1-\mu}{2}b_1 \end{bmatrix}$$

$$= \frac{E}{0.91} \begin{bmatrix} 1 & 0 & 0 & 0.6 & -1 & -0.6 \\ 0.3 & 0 & 0 & 2 & -0.3 & -2 \\ 0 & 0.35 & 0.7 & 0 & -0.7 & -0.35 \end{bmatrix}$$

单元②的单元应力矩阵为

$$S^e_{(2)} = -\frac{E}{0.91} \begin{bmatrix} 1 & 0 & 0 & 0.6 & -1 & -0.6 \\ 0.3 & 0 & 0 & 2 & -0.3 & -2 \\ 0 & 0.35 & 0.7 & 0 & -0.7 & -0.35 \end{bmatrix}$$

由此，单元①的单元刚度矩阵为

$$\begin{array}{cccccc} u_2 & v_2 & u_4 & v_4 & u_1 & v_1 \\ \downarrow & \downarrow & \downarrow & \downarrow & \downarrow & \downarrow \end{array}$$

$$K^e_{(1)} = At(B^e_{(1)})^T S^e_{(1)} = \frac{E}{364} \begin{bmatrix} 1 & 0 & 0 & 0.6 & -1 & -0.6 \\ 0 & 0.35 & 0.7 & 0 & -0.7 & -0.35 \\ 0 & 0.7 & 1.4 & 0 & -1.4 & -0.7 \\ 0.6 & 0 & 0 & 4 & -0.6 & -4 \\ -1 & -0.7 & -1.4 & -0.6 & 2.4 & 1.3 \\ -0.6 & -0.35 & -0.7 & -4 & 1.3 & 4.35 \end{bmatrix} \begin{array}{l} \leftarrow u_2 \\ \leftarrow v_2 \\ \leftarrow u_4 \\ \leftarrow v_4 \\ \leftarrow u_1 \\ \leftarrow v_1 \end{array}$$

同理，单元②的单元刚度矩阵为

$$\begin{array}{cccccc} u_4 & v_4 & u_2 & v_2 & u_3 & v_3 \\ \downarrow & \downarrow & \downarrow & \downarrow & \downarrow & \downarrow \end{array}$$

$$K^e_{(2)} = At(B^e_{(2)})^T S^e_{(2)} = \frac{E}{364} \begin{bmatrix} 1 & 0 & 0 & 0.6 & -1 & -0.6 \\ 0 & 0.35 & 0.7 & 0 & -0.7 & -0.35 \\ 0 & 0.7 & 1.4 & 0 & -1.4 & -0.7 \\ 0.6 & 0 & 0 & 4 & -0.6 & -4 \\ -1 & -0.7 & -1.4 & -0.6 & 2.4 & 1.3 \\ -0.6 & -0.35 & -0.7 & -4 & 1.3 & 4.35 \end{bmatrix} \begin{array}{l} \leftarrow u_4 \\ \leftarrow v_4 \\ \leftarrow u_2 \\ \leftarrow v_2 \\ \leftarrow u_3 \\ \leftarrow v_3 \end{array}$$

由此可知，当两个单元中节点编号按图 3-21 所示编制时，两个单元的单元刚度矩阵相同，即 $K^e_{(1)} = K^e_{(2)}$。

再次，将单元刚度矩阵集合成整体刚度矩阵。将 $K^e_{(1)}$ 和 $K^e_{(2)}$ 的 6×6 阶矩阵扩展至 8×8 阶矩阵，整体刚度矩阵为

$$K = K^e_{(1)8 \times 8} + K^e_{(2)8 \times 8}$$

$$= \frac{E}{364}\begin{bmatrix} 2.4 & 1.3 & -1 & -0.7 & 0 & 0 & -1.4 & -0.6 \\ 1.3 & 4.35 & -0.6 & -0.35 & 0 & 0 & -0.7 & -4 \\ -1 & -0.6 & 1 & 0 & 0 & 0 & 0 & 0.6 \\ -0.7 & -0.35 & 0 & 0.35 & 0 & 0 & 0.7 & 0 \\ 0 & 0 & 0 & 0 & 0 & 0 & 0 & 0 \\ 0 & 0 & 0 & 0 & 0 & 0 & 0 & 0 \\ -1.4 & -0.7 & 0 & 0.7 & 0 & 0 & 1.4 & 0 \\ -0.6 & -4 & 0.6 & 0 & 0 & 0 & 0 & 4 \end{bmatrix} +$$

$$\frac{E}{364}\begin{bmatrix} 0 & 0 & 0 & 0 & 0 & 0 & 0 & 0 \\ 0 & 0 & 0 & 0 & 0 & 0 & 0 & 0 \\ 0 & 0 & 1.4 & 0 & -1.4 & -0.7 & 0 & 0.7 \\ 0 & 0 & 0 & 4 & -0.6 & -4 & 0.6 & 0 \\ 0 & 0 & -1.4 & -0.6 & 2.4 & 1.3 & -1 & -0.7 \\ 0 & 0 & -0.7 & -4 & 1.3 & 4.35 & -0.6 & -0.35 \\ 0 & 0 & 0 & 0.6 & -1 & -0.6 & 1 & 0 \\ 0 & 0 & 0.7 & 0 & -0.7 & -0.35 & 0 & 0.35 \end{bmatrix}$$

$$= \frac{E}{364}\begin{bmatrix} 2.4 & 1.3 & -1 & -0.7 & 0 & 0 & -1.4 & -0.6 \\ 1.3 & 4.35 & -0.6 & -0.35 & 0 & 0 & -0.7 & -4 \\ -1 & -0.6 & 2.4 & 0 & -1.4 & -0.7 & 0 & 1.3 \\ -0.7 & -0.35 & 0 & 4.35 & -0.6 & -4 & 1.3 & 0 \\ 0 & 0 & -1.4 & -0.6 & 2.4 & 1.3 & -1 & -0.7 \\ 0 & 0 & -0.7 & -4 & 1.3 & 4.35 & -0.6 & -0.35 \\ -1.4 & -0.7 & 0 & 1.3 & -1 & -0.6 & 2.4 & 0 \\ -0.6 & -4 & 1.3 & 0 & -0.7 & -0.35 & 0 & 4.35 \end{bmatrix}$$

然后，设置几何边界条件和应力边界条件。

由图 3-21 可知，各节点位移为 $u_1 = v_1 = u_2 = v_2 = 0$，将节点位移表示成矩阵形式，有

$$q = \begin{bmatrix} u_1 & v_1 & u_2 & v_2 & u_3 & v_3 & u_4 & v_4 \end{bmatrix}^T$$

$$= \begin{bmatrix} 0 & 0 & 0 & 0 & u_3 & v_3 & u_4 & v_4 \end{bmatrix}^T$$

将节点力载荷表示成矩阵形式，有

$$F = \begin{bmatrix} 0 & 0 & 0 & 0 & F_{3x} & F_{3y} & 0 & 0 \end{bmatrix}^T$$

将支反力载荷表示成矩阵形式，有

$$R = \begin{bmatrix} R_{1x} & R_{1y} & R_{2x} & R_{2y} & 0 & 0 & 0 & 0 \end{bmatrix}^T$$

由此得到节点的载荷为

$$P = F + R = \begin{bmatrix} R_{1x} & R_{1y} & R_{2x} & R_{2y} & F_{3x} & F_{3y} & 0 & 0 \end{bmatrix}^T$$

$$= \begin{bmatrix} R_{1x} & R_{1y} & R_{2x} & R_{2y} & 2\ 000 & -2\ 000 & 0 & 0 \end{bmatrix}^T$$

最后，建立整体刚度方程并求解节点位移。

由 $Kq = P$，有

$$\frac{E}{364}\begin{bmatrix} 2.4 & 1.3 & -1 & -0.7 & 0 & 0 & -1.4 & -0.6 \\ 1.3 & 4.35 & -0.6 & -0.35 & 0 & 0 & -0.7 & -4 \\ -1 & -0.6 & 2.4 & 0 & -1.4 & -0.7 & 0 & 1.3 \\ -0.7 & -0.35 & 0 & 4.35 & -0.6 & -4 & 1.3 & 0 \\ 0 & 0 & -1.4 & -0.6 & 2.4 & 1.3 & -1 & -0.7 \\ 0 & 0 & -0.7 & -4 & 1.3 & 4.35 & -0.6 & -0.35 \\ -1.4 & -0.7 & 0 & 1.3 & -1 & -0.6 & 2.4 & 0 \\ -0.6 & -4 & 1.3 & 0 & -0.7 & -0.35 & 0 & 4.35 \end{bmatrix}\begin{bmatrix} 0 \\ 0 \\ 0 \\ 0 \\ u_3 \\ v_3 \\ u_4 \\ v_4 \end{bmatrix} = \begin{bmatrix} R_{1x} \\ R_{1y} \\ R_{2x} \\ R_{2y} \\ 2\,000 \\ -2\,000 \\ 0 \\ 0 \end{bmatrix}$$

将位移 q 中带"0"的项约去,有

$$\frac{E}{364}\begin{bmatrix} 2.4 & 1.3 & -1 & -0.7 \\ 1.3 & 4.35 & -0.6 & -0.35 \\ -1 & -0.6 & 2.4 & 0 \\ -0.7 & -0.35 & 0 & 4.35 \end{bmatrix}\begin{bmatrix} u_3 \\ v_3 \\ u_4 \\ v_4 \end{bmatrix} = \begin{bmatrix} 2\,000 \\ -2\,000 \\ 0 \\ 0 \end{bmatrix}$$

解得

$u_3 = 0.275\,8 \times 10^{-5}$ m, $v_3 = -0.152\,9 \times 10^{-5}$ m, $u_4 = 0.076\,7 \times 10^{-5}$ m, $v_4 = 0.032\,1 \times 10^{-5}$ m

所有的节点位移为

$$q = \begin{bmatrix} 0 & 0 & 0 & 0 & 0.275\,8 \times 10^{-5} & -0.152\,9 \times 10^{-5} & 0.076\,7 \times 10^{-5} & 0.032\,1 \times 10^{-5} \end{bmatrix}^{\mathrm{T}} \text{ m}$$

将求解得到的非零位移值代入到整体刚度方程中,解得未知节点力为

$$R_{1x} = \frac{E}{364}(-1.4u_4 - 0.6v_4) = -695.8 \text{ N}$$

$$R_{1y} = \frac{E}{364}(-0.7u_4 - 4v_4) = -1\,000.5 \text{ N}$$

$$R_{2x} = \frac{E}{364}(-1.4u_3 - 0.7v_3 + 1.3v_4) = -1\,304.2 \text{ N}$$

$$R_{2y} = \frac{E}{364}(-0.6u_3 - 4v_3 + 1.3u_4) = 3\,000.1 \text{ N}$$

习 题 ▶▶ ▶

3-1 阐述虚功原理在求解有限元方程中的作用。

3-2 简述形函数与单元位移函数间的关系。

3-3 试以4节点四边形平面单元为例,证明形函数的性质。

3-4 试以3节点三角形平面单元为例,证明单元刚度矩阵中任一行(或列)元素之和为零。

3-5 什么是等参数单元?其特点是什么?

3-6 试证明平行四边形等参数单元的雅可比矩阵是常数矩阵。

3-7 思考:在有限元分析过程中,选取不同的节点编号方式对分析结果是否有影响? 以题3-7图所示结构为例,$l_1 = 3$ m、$l_2 = 4$ m,写出不同编号顺序的单元节点对应的整体刚度矩阵。

3-8 题3-8图所示为一个3节点三角形平面单元,厚度 $t = 5$ cm,弹性模量 $E = 2 \times 10^{11}$ Pa,坐标轴单位为 m,试写出该单元的形函数矩阵、单元应变矩阵、单元应力矩阵和

单元刚度矩阵。

3-9 参照3.5节,给出题3-9图所示平面问题的有限元分析过程及步骤,其中平面图形的厚度 $t = 0.01$ m,弹性模量 $E = 210$ GPa,泊松比 $\mu = 0.3$,坐标轴单位为 m,所受集中力载荷 $P = 10\,000$ N。

(1)求出支反力及各节点位移。

(2)求出单元②中点 $a(3,1)$ 的位移。

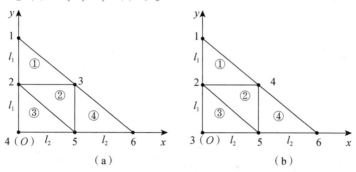

题 3-7 图

(a)编号顺序1;(b)编号顺序2

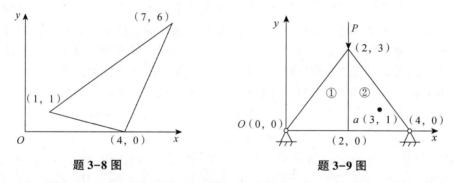

题 3-8 图　　　　　**题 3-9 图**

3-10 如题3-10图(a)所示,3节点三角形平面单元一边界1-2上受到沿 y 轴负方向的均布面力载荷作用,$\overline{P} = 5$ kN/m,边界1-2的长度 $l = 1$ m,单元的厚度 $t = 0.02$ m。

(1)求单元面力载荷的等效节点载荷向量。

(2)若面力为线性分布载荷,如题3-10图(b)所示,且最大载荷集度在节点2处,$P = 5$ kN/m,其他条件不变,试求单元面力载荷的等效节点载荷向量。

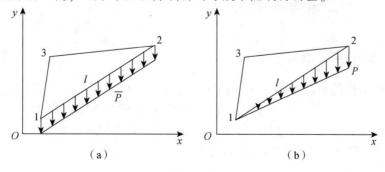

题 3-10 图

(a)面力载荷1;(b)面力载荷2

第 4 章
空间问题的有限元方法

实际工程问题中最常见的类型之一是复杂空间结构的应力和位移问题。对空间问题进行有限元分析时，需要先将变形体离散成多个实体单元。在实体单元中，根据单元的复杂程度、单元形函数的低高阶类型等不同情况，需要结合具体问题选取四面体、五面体、六面体等不同的单元类型。例如，对于结构较简单的变形体，选取六面体单元可在保证计算精度的同时简化计算量；对于结构较复杂的变形体，选取四面体单元能更好地保证计算精度，但同时需要更多的计算量；对于有曲面边界的变形体，低阶四面体单元虽然能保证结构内部的计算结果，但在边界附近模拟计算的精度较差，因此可选取高阶四面体单元如 10 节点四面体单元。本章分别以 4 节点四面体单元和 8 节点六面体单元为例，介绍空间问题在复杂载荷作用下的有限元方法。空间问题的单元类型举例如图 4-1 所示。

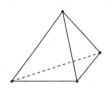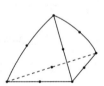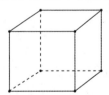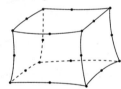

图 4-1　空间问题的单元类型举例

4.1　4 节点四面体单元

▶▶▶ 4.1.1　单元位移函数 ▶▶▶

假设变形体结构的有限元模型由四面体单元组成，单元内任一点坐标为 (x, y, z)，对应的位移为 $\boldsymbol{q} = \begin{bmatrix} u & v & w \end{bmatrix}^{\mathrm{T}}$。每个 4 节点四面体单元的每个节点有 3 个位移分量，分别为 $(u_i, v_i, w_i)(i = 1, 2, 3, 4)$，单元节点及节点位移如图 4-2 所示。

4 节点四面体单元的节点位移和节点力列矩阵分别表示为

$$\boldsymbol{q}^{\mathrm{e}} = \begin{bmatrix} u_1 & v_1 & w_1 & u_2 & v_2 & w_2 & u_3 & v_3 & w_3 & u_4 & v_4 & w_4 \end{bmatrix}^{\mathrm{T}}$$

$$\boldsymbol{P}^{\mathrm{e}} = \begin{bmatrix} P_{1x} & P_{1y} & P_{1z} & P_{2x} & P_{2y} & P_{2z} & P_{3x} & P_{3y} & P_{3z} & P_{4x} & P_{4y} & P_{4z} \end{bmatrix}^{\mathrm{T}}$$

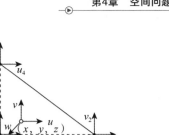

图4-2 4节点四面体单元

则确定其单元位移函数为

$$\begin{cases} u = \bar{a}_1 + \bar{a}_2 x + \bar{a}_3 y + \bar{a}_4 z \\ v = \bar{a}_5 + \bar{a}_6 x + \bar{a}_7 y + \bar{a}_8 z \\ w = \bar{a}_9 + \bar{a}_{10} x + \bar{a}_{11} y + \bar{a}_{12} z \end{cases} \tag{4-1}$$

这里与平面问题的单元位移函数讨论过程类似，$\bar{a}_1$，$\bar{a}_2$，$\cdots$，$\bar{a}_{12}$ 为待定系数，得到相应的单元位移与节点位移间的关系用位移函数表示为

$$\begin{cases} u = N_1 u_1 + N_2 u_2 + N_3 u_3 + N_4 u_4 = \sum_{i=1}^{4} N_i u_i \\ v = N_1 v_1 + N_2 v_2 + N_3 v_3 + N_4 v_4 = \sum_{i=1}^{4} N_i v_i \\ w = N_1 w_1 + N_2 w_2 + N_3 w_3 + N_4 w_4 = \sum_{i=1}^{4} N_i w_i \end{cases} \tag{4-2}$$

式中，$N_i = \dfrac{1}{6V}(a_i + b_i x + c_i y + d_i z)$（$i = 1$，$2$，$3$，$4$）为4节点四面体单元的形函数，$V$ 为4节点四面体单元的体积，即

$$V = \frac{1}{6} \begin{vmatrix} 1 & x_1 & y_1 & z_1 \\ 1 & x_2 & y_2 & z_2 \\ 1 & x_3 & y_3 & z_3 \\ 1 & x_4 & y_4 & z_4 \end{vmatrix} \tag{4-3}$$

注意：为了使4节点四面体单元的体积 V 为正值，4个节点在右手坐标系 $Oxyz$ 中排列时应遵循右手定则，即从第4个节点看节点1、2、3所在平面，节点1、2、3应为逆时针排序。

在形函数的表达式中，a_i、b_i、c_i、d_i 为只与单元节点坐标相关的常系数（$i = 1$，2，3，4），且求解方法与平面单元的单元位移函数中的一致，即

$$a_1 = \begin{vmatrix} x_2 & y_2 & z_2 \\ x_3 & y_3 & z_3 \\ x_4 & y_4 & z_4 \end{vmatrix}, \; b_1 = -\begin{vmatrix} 1 & y_2 & z_2 \\ 1 & y_3 & z_3 \\ 1 & y_4 & z_4 \end{vmatrix}, \; c_1 = -\begin{vmatrix} x_2 & 1 & z_2 \\ x_3 & 1 & z_3 \\ x_4 & 1 & z_4 \end{vmatrix}, \; d_1 = -\begin{vmatrix} x_2 & y_2 & 1 \\ x_3 & y_3 & 1 \\ x_4 & y_4 & 1 \end{vmatrix}$$

其余系数 a_2、a_3、a_4，b_2、b_3、b_4，$\cdots$，d_2、d_3、d_4 以此类推得到。

将四面体单元的位移函数写成矩阵形式为

$$\boldsymbol{q} = \begin{bmatrix} u \\ v \\ w \end{bmatrix} = \begin{bmatrix} N_1 & 0 & 0 & N_2 & 0 & 0 & N_3 & 0 & 0 & N_4 & 0 & 0 \\ 0 & N_1 & 0 & 0 & N_2 & 0 & 0 & N_3 & 0 & 0 & N_4 & 0 \\ 0 & 0 & N_1 & 0 & 0 & N_2 & 0 & 0 & N_3 & 0 & 0 & N_4 \end{bmatrix} \boldsymbol{q}^e \qquad (4\text{-}4)$$

其中，$\boldsymbol{N} = \begin{bmatrix} N_1 & 0 & 0 & N_2 & 0 & 0 & N_3 & 0 & 0 & N_4 & 0 & 0 \\ 0 & N_1 & 0 & 0 & N_2 & 0 & 0 & N_3 & 0 & 0 & N_4 & 0 \\ 0 & 0 & N_1 & 0 & 0 & N_2 & 0 & 0 & N_3 & 0 & 0 & N_4 \end{bmatrix}$ 为 4 节点四面体单元

的形函数矩阵。

与平面问题类似，空间问题中单元位移函数也是单元任一点坐标 x、y、z 的线性函数，在相邻单元的公共面上位移是连续的。

▶▶▶| 4.1.2　单元应变矩阵和单元应力矩阵 ▶▶▶ ▶

1. 单元应变矩阵

结合弹性力学空间问题的几何变形方程，并将单元位移函数代入几何变形方程中，单元的应变由 6 个应变分量组成，表示为

$$\boldsymbol{\varepsilon} = \begin{bmatrix} \varepsilon_{xx} \\ \varepsilon_{yy} \\ \varepsilon_{zz} \\ \gamma_{xy} \\ \gamma_{yz} \\ \gamma_{zx} \end{bmatrix} = \begin{bmatrix} \dfrac{\partial u}{\partial x} \\ \dfrac{\partial v}{\partial y} \\ \dfrac{\partial w}{\partial z} \\ \dfrac{\partial u}{\partial y} + \dfrac{\partial v}{\partial x} \\ \dfrac{\partial v}{\partial z} + \dfrac{\partial w}{\partial y} \\ \dfrac{\partial w}{\partial x} + \dfrac{\partial u}{\partial z} \end{bmatrix}$$

$$= \begin{bmatrix} \dfrac{\partial N_1}{\partial x} & 0 & 0 & \dfrac{\partial N_2}{\partial x} & 0 & 0 & \dfrac{\partial N_3}{\partial x} & 0 & 0 & \dfrac{\partial N_4}{\partial x} & 0 & 0 \\ 0 & \dfrac{\partial N_1}{\partial y} & 0 & 0 & \dfrac{\partial N_2}{\partial y} & 0 & 0 & \dfrac{\partial N_3}{\partial y} & 0 & 0 & \dfrac{\partial N_4}{\partial y} & 0 \\ 0 & 0 & \dfrac{\partial N_1}{\partial z} & 0 & 0 & \dfrac{\partial N_2}{\partial z} & 0 & 0 & \dfrac{\partial N_3}{\partial z} & 0 & 0 & \dfrac{\partial N_4}{\partial z} \\ \dfrac{\partial N_1}{\partial y} & \dfrac{\partial N_1}{\partial x} & 0 & \dfrac{\partial N_2}{\partial y} & \dfrac{\partial N_2}{\partial x} & 0 & \dfrac{\partial N_3}{\partial y} & \dfrac{\partial N_3}{\partial x} & 0 & \dfrac{\partial N_4}{\partial y} & \dfrac{\partial N_4}{\partial x} & 0 \\ 0 & \dfrac{\partial N_1}{\partial z} & \dfrac{\partial N_1}{\partial y} & 0 & \dfrac{\partial N_2}{\partial z} & \dfrac{\partial N_2}{\partial y} & 0 & \dfrac{\partial N_3}{\partial z} & \dfrac{\partial N_3}{\partial y} & 0 & \dfrac{\partial N_4}{\partial z} & \dfrac{\partial N_4}{\partial y} \\ \dfrac{\partial N_1}{\partial z} & 0 & \dfrac{\partial N_1}{\partial x} & \dfrac{\partial N_2}{\partial z} & 0 & \dfrac{\partial N_2}{\partial x} & \dfrac{\partial N_3}{\partial z} & 0 & \dfrac{\partial N_3}{\partial x} & \dfrac{\partial N_4}{\partial z} & 0 & \dfrac{\partial N_4}{\partial x} \end{bmatrix} \begin{bmatrix} u_1 \\ v_1 \\ w_1 \\ u_2 \\ v_2 \\ w_2 \\ u_3 \\ v_3 \\ w_3 \\ u_4 \\ v_4 \\ w_4 \end{bmatrix}$$

$$(4\text{-}5)$$

$$\boldsymbol{\varepsilon} = \boldsymbol{\varepsilon}(x, y, z) = \boldsymbol{B}\boldsymbol{q}^e = \begin{bmatrix} \boldsymbol{B}_1 & \boldsymbol{B}_2 & \boldsymbol{B}_3 & \boldsymbol{B}_4 \end{bmatrix} \boldsymbol{q}^e \tag{4-6}$$

式中，ε_{xx}、ε_{yy}、ε_{zz} 表示空间问题中的正应变；γ_{xy}、γ_{yz}、γ_{zx} 表示空间问题中的剪应变，且同平面问题一样满足剪应变互等定律；$\boldsymbol{B}$ 为单元应变矩阵，在空间问题中为 6×12 阶矩阵形式。

将 $N_i = \dfrac{1}{6V}(a_i + b_i x + c_i y + d_i z)(i = 1, 2, 3, 4)$ 代入上式，得到分块矩阵 $\boldsymbol{B}_i$ 为

$$\boldsymbol{B}_i = \begin{bmatrix} \dfrac{\partial N_i}{\partial x} & 0 & 0 \\[2mm] 0 & \dfrac{\partial N_i}{\partial y} & 0 \\[2mm] 0 & 0 & \dfrac{\partial N_i}{\partial z} \\[2mm] \dfrac{\partial N_i}{\partial y} & \dfrac{\partial N_i}{\partial x} & 0 \\[2mm] 0 & \dfrac{\partial N_i}{\partial z} & \dfrac{\partial N_i}{\partial y} \\[2mm] \dfrac{\partial N_i}{\partial z} & 0 & \dfrac{\partial N_i}{\partial x} \end{bmatrix} = \frac{1}{6V} \begin{bmatrix} b_i & 0 & 0 \\ 0 & c_i & 0 \\ 0 & 0 & d_i \\ c_i & b_i & 0 \\ 0 & d_i & c_i \\ d_i & 0 & b_i \end{bmatrix} (i = 1, 2, 3, 4) \tag{4-7}$$

式中，a_i、b_i、c_i、d_i 为与节点坐标相关的常系数；V 为 4 节点四面体单元的体积，亦为定值。因此，分块矩阵 $\boldsymbol{B}_i$ 为常数矩阵，4 节点四面体单元的单元应变矩阵 $\boldsymbol{B}$ 为常数矩阵。4 节点四面体单元的应变 $\boldsymbol{\varepsilon}$ 与单元内坐标 (x, y, z) 无关，因此亦是一种常应变单元。

2. 单元应力矩阵

结合弹性力学空间问题的物理本构方程，单元的应力由 6 个应力分量组成，表示为

$$\boldsymbol{\sigma} = \begin{bmatrix} \sigma_{xx} & \sigma_{yy} & \sigma_{zz} & \tau_{xy} & \tau_{yz} & \tau_{zx} \end{bmatrix}^{\mathrm{T}} = \boldsymbol{D}\boldsymbol{\varepsilon}$$

将式(4-6)代入上式有

$$\boldsymbol{\sigma} = \boldsymbol{D}\boldsymbol{B}\boldsymbol{q}^e = \boldsymbol{S}\boldsymbol{q}^e$$

式中，$\boldsymbol{S} = \boldsymbol{D}\boldsymbol{B}$ 为单元应力矩阵；$\boldsymbol{D}$ 为空间问题的弹性系数矩阵，表示为

$$\boldsymbol{D} = \frac{E(1 - \mu)}{(1 + \mu)(1 - 2\mu)} \begin{bmatrix} 1 & \dfrac{\mu}{1 - \mu} & \dfrac{\mu}{1 - \mu} & 0 & 0 & 0 \\[2mm] & 1 & \dfrac{\mu}{1 - \mu} & 0 & 0 & 0 \\[2mm] & & 1 & 0 & 0 & 0 \\[2mm] & & & \dfrac{1 - 2\mu}{2(1 - \mu)} & 0 & 0 \\[2mm] & & & & \dfrac{1 - 2\mu}{2(1 - \mu)} & 0 \\[2mm] & & & & & \dfrac{1 - 2\mu}{2(1 - \mu)} \end{bmatrix} \tag{4-8}$$

对于 4 节点四面体单元，其单元应力矩阵写成分块矩阵形式为

$$S = \begin{bmatrix} S_1 & -S_2 & S_3 & -S_4 \end{bmatrix}$$

S 中的分块矩阵 S_i 为

$$S_i = \frac{E(1-\mu)}{6(1+\mu)(1-2\mu)V} \begin{bmatrix} b_i & \dfrac{\mu}{1-\mu}c_i & \dfrac{\mu}{1-\mu}d_i \\[2mm] \dfrac{\mu}{1-\mu}b_i & c_i & \dfrac{\mu}{1-\mu}d_i \\[2mm] \dfrac{\mu}{1-\mu}b_i & \dfrac{\mu}{1-\mu}c_i & d_i \\[2mm] \dfrac{1-2\mu}{2(1-\mu)}c_i & \dfrac{1-2\mu}{2(1-\mu)}b_i & 0 \\[2mm] 0 & \dfrac{1-2\mu}{2(1-\mu)}d_i & \dfrac{1-2\mu}{2(1-\mu)}c_i \\[2mm] \dfrac{1-2\mu}{2(1-\mu)}d_i & 0 & \dfrac{1-2\mu}{2(1-\mu)}b_i \end{bmatrix} \quad (i = 1,\ 2,\ 3,\ 4)$$

$$(4-9)$$

由于 b_i、c_i、d_i、V 为与节点坐标相关的常数，材料系数 E、μ 亦为常数，因此单元应力矩阵的各分块矩阵 S_i 为常数矩阵。由式(4-8)可知弹性系数矩阵 D 为常数矩阵，因此 4 节点四面体单元的单元应力矩阵 S 是常数矩阵。4 节点四面体单元的应力 σ 与单元内坐标 $(x,\ y,\ z)$ 无关，因此亦是一种常应力单元。

▶▶▶ 4.1.3 单元刚度矩阵 ▶▶▶

本小节以 4 节点四面体单元为例，通过虚功原理推导空间问题的单元刚度矩阵。

由虚功原理，推导 4 节点四面体单元的单元刚度矩阵为

$$K^e = \iiint_V B^T D B \mathrm{d}x\mathrm{d}y\mathrm{d}z = \int_V B^T D B \mathrm{d}V = B^T D B V$$

将单元刚度矩阵写成分块矩阵形式为

$$K^e = \begin{bmatrix} B_1 & B_2 & B_3 \end{bmatrix}^T \begin{bmatrix} S_1 & S_2 & S_3 \end{bmatrix} V$$

$$= \begin{bmatrix} K_{11} & K_{12} & K_{13} & K_{14} \\ K_{21} & K_{22} & K_{23} & K_{24} \\ K_{31} & K_{32} & K_{33} & K_{34} \\ K_{41} & K_{42} & K_{43} & K_{44} \end{bmatrix}_{12 \times 12}$$

$$(4-10)$$

由此可看出，4 节点四面体单元的单元刚度矩阵是 12×12 阶矩阵形式，可表示为 4×4 阶子块矩阵且为对称矩阵，每个子块为 3×3 阶分块矩阵 $K_{ij}(i, j = 1,\ 2,\ 3,\ 4)$ 且满足 $K_{ij} = K_{ji}$。

▶▶▶ 4.1.4 单元等效节点载荷 ▶▶▶

1. 集中力载荷的等效节点载荷

如图 4-3 所示，设单元内任一点 $M(x,\ y,\ z)$ 上作用有集中力载荷 $P^e = \begin{bmatrix} P_x & P_y & P_z \end{bmatrix}^T$，将 P^e 偏移到该单元节点上的等效节点载荷向量为

$$F_P^e = \begin{bmatrix} F_{1x} & F_{1y} & F_{1z} & F_{2x} & F_{2y} & F_{2z} & F_{3x} & F_{3y} & F_{3z} & F_{4x} & F_{4y} & F_{4z} \end{bmatrix}^T$$

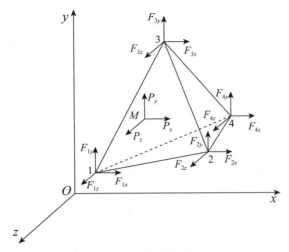

图4-3　集中力载荷的等效节点载荷

假设该单元产生了虚位移 $\delta\boldsymbol{q}$，单元各节点的虚位移为

$$\delta\boldsymbol{q}^{\mathrm{e}} = \begin{bmatrix} \delta u_1 & \delta v_1 & \delta w_1 & \delta u_2 & \delta v_2 & \delta w_2 & \delta u_3 & \delta v_3 & \delta w_3 & \delta u_4 & \delta v_4 & \delta w_4 \end{bmatrix}^{\mathrm{T}}$$

$\delta\boldsymbol{q}^{\mathrm{e}}$ 与 $\delta\boldsymbol{q}$ 的关系 $\delta\boldsymbol{q} = \boldsymbol{N}\delta\boldsymbol{q}^{\mathrm{e}}$。

根据虚功原理，集中力 $\boldsymbol{P}^{\mathrm{e}}$ 在 $\delta\boldsymbol{q}$ 上做的虚功为

$$(\delta\boldsymbol{q})^{\mathrm{T}}\boldsymbol{P}^{\mathrm{e}} = (\boldsymbol{N}\delta\boldsymbol{q}^{\mathrm{e}})^{\mathrm{T}}\boldsymbol{P}^{\mathrm{e}} = (\delta\boldsymbol{q})^{\mathrm{eT}}\boldsymbol{N}^{\mathrm{T}}\boldsymbol{P}^{\mathrm{e}}$$

而由等效原则有 $\boldsymbol{F}_P^{\mathrm{e}} = \boldsymbol{N}^{\mathrm{T}}\boldsymbol{P}^{\mathrm{e}}$，即

$$\boldsymbol{F}_P^{\mathrm{e}} = \begin{bmatrix} N_1 & 0 & 0 & N_2 & 0 & 0 & N_3 & 0 & 0 & N_4 & 0 & 0 \\ 0 & N_1 & 0 & 0 & N_2 & 0 & 0 & N_3 & 0 & 0 & N_4 & 0 \\ 0 & 0 & N_1 & 0 & 0 & N_2 & 0 & 0 & N_3 & 0 & 0 & N_4 \end{bmatrix}^{\mathrm{T}} \begin{bmatrix} P_x \\ P_y \\ P_z \end{bmatrix}$$

2. 体积力载荷的等效节点载荷

如果单元上作用有体积力载荷 $\boldsymbol{b}^{\mathrm{e}}$（如重力、离心力等），单元体积内的体积力分量为 $\boldsymbol{b}^{\mathrm{e}} = \begin{bmatrix} b_x & b_y & b_z \end{bmatrix}^{\mathrm{T}}$，微元体上体积力 $\boldsymbol{b}^{\mathrm{e}}\mathrm{d}V$ 为集中力，其在整个单元上分布的体积力载荷的等效节点载荷向量为

$$\boldsymbol{F}_b^{\mathrm{e}} = \int_V \boldsymbol{N}^{\mathrm{T}}\boldsymbol{b}^{\mathrm{e}}\mathrm{d}V$$

式中，$\boldsymbol{F}_b^{\mathrm{e}}$ 表示单元上分布的体积力载荷的等效节点载荷向量。

对于空间问题，微元体体积 $\mathrm{d}V = \mathrm{d}x\mathrm{d}y\mathrm{d}z$，则 $\boldsymbol{F}_b^{\mathrm{e}} = \iiint_V \boldsymbol{N}^{\mathrm{T}}\boldsymbol{b}^{\mathrm{e}}\mathrm{d}x\mathrm{d}y\mathrm{d}z$，即

$$\boldsymbol{F}_b^{\mathrm{e}} = \iiint_V \begin{bmatrix} N_1 & 0 & 0 & N_2 & 0 & 0 & N_3 & 0 & 0 & N_4 & 0 & 0 \\ 0 & N_1 & 0 & 0 & N_2 & 0 & 0 & N_3 & 0 & 0 & N_4 & 0 \\ 0 & 0 & N_1 & 0 & 0 & N_2 & 0 & 0 & N_3 & 0 & 0 & N_4 \end{bmatrix}^{\mathrm{T}} \begin{bmatrix} b_x \\ b_y \\ b_z \end{bmatrix} \mathrm{d}x\mathrm{d}y\mathrm{d}z$$

对于三维空间的 4 节点四面体单元，若体积力为重力且均匀分布时载荷大小为重力集度 ρg，方向与 y 轴方向相反，此时体积力载荷 $\boldsymbol{b}^{\mathrm{e}} = \begin{bmatrix} 0 & -\rho g & 0 \end{bmatrix}^{\mathrm{T}}$，并满足

$$\iiint_V N_1\mathrm{d}x\mathrm{d}y\mathrm{d}z = \iiint_V N_2\mathrm{d}x\mathrm{d}y\mathrm{d}z = \iiint_V N_3\mathrm{d}x\mathrm{d}y\mathrm{d}z = \iiint_V N_4\mathrm{d}x\mathrm{d}y\mathrm{d}z = \frac{1}{4}V$$

这样，在整个单元上均匀分布的重力的等效节点载荷向量为

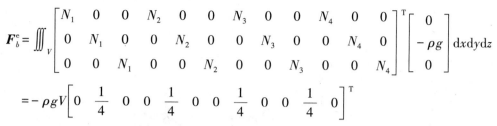

$$\bm{F}_b^e = \iiint_V \begin{bmatrix} N_1 & 0 & 0 & N_2 & 0 & 0 & N_3 & 0 & 0 & N_4 & 0 & 0 \\ 0 & N_1 & 0 & 0 & N_2 & 0 & 0 & N_3 & 0 & 0 & N_4 & 0 \\ 0 & 0 & N_1 & 0 & 0 & N_2 & 0 & 0 & N_3 & 0 & 0 & N_4 \end{bmatrix}^T \begin{bmatrix} 0 \\ -\rho g \\ 0 \end{bmatrix} dxdydz$$

$$= -\rho g V \begin{bmatrix} 0 & \dfrac{1}{4} & 0 & 0 & \dfrac{1}{4} & 0 & 0 & \dfrac{1}{4} & 0 & 0 & \dfrac{1}{4} & 0 \end{bmatrix}^T$$

3. 面力载荷的等效节点载荷

对于空间问题，若单元上作用有面力载荷 $\overline{\bm{P}}^e = \begin{bmatrix} \overline{P}_x & \overline{P}_y & \overline{P}_z \end{bmatrix}^T$，可将微元面上的面力 $\overline{\bm{P}}^e dA$ 看作集中载荷，同理得到整个单元上面力载荷的等效节点载荷向量为

$$\bm{F}_{\overline{P}}^e = \iint_A \bm{N}^T \overline{\bm{P}}^e dA$$

空间问题中面力载荷的等效节点载荷有均布载荷和线性载荷等，等效方法与平面问题类似，但单元形函数的选取比 3 节点三角形平面单元复杂。

为了方便求解等效节点载荷，这里引入面积坐标的概念进行研究。如图 4-4 所示，在面 123 内任取一点 a，分别与点 1、2、3 连接，即将面 123 分成 3 个三角形，对应的面积分别用 A_1、A_2、A_3 表示。将其与面 123 的面积 A 之比称为单元内任一点所对应的**面积坐标**，表示为 $L_i = \dfrac{A_i}{A}(i = 1,\ 2,\ 3)$。

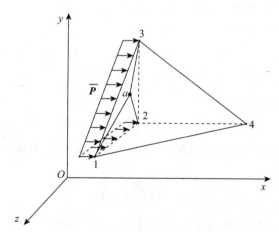

图 4-4　面力载荷的等效移置

而

$$A_1 = \frac{1}{2} \begin{vmatrix} 1 & x & y \\ 1 & x_2 & y_2 \\ 1 & x_3 & y_3 \end{vmatrix} = \frac{1}{2} \big[(x_2 y_3 - x_3 y_2) + (y_2 - y_3)x + (x_3 - x_2)y \big]$$

令 $a_1 = x_2 y_3 - x_3 y_2$，$b_1 = y_2 - y_3$，$c_1 = x_3 - x_2$，则面积坐标 $L_1 = \dfrac{A_1}{A} = \dfrac{1}{2A}(a_1 + b_1 x + c_1 y)$。

同理可知 $L_i = \dfrac{A_i}{A} = \dfrac{1}{2A}(a_i + b_i x + c_i y)(i = 1,\ 2,\ 3)$。

这与第 3 章平面问题中的 3 节点三角形平面单元的形函数[式(3-15)]描述一致，即单元节点上的面积坐标与其形函数相等，$L_i = N_i (i = 1, 2, 3)$。

如图 4-4 所示，若所受面力载荷作用在面 123 上，且在 x 轴方向受到均布载荷 $\overline{P}$ 的作用，则载荷 $\overline{P} = [L_1 \overline{P} \quad 0 \quad 0]^T$。再结合形函数和面积坐标的概念，作用于面 123 的均布载荷通过偏移到节点 1、节点 2 和节点 3 的等效节点载荷进行计算，分别取形函数 $N_1 = L_1$，$N_2 = L_2$，$N_3 = L_3$，$N_4 = 0$。将单元应变矩阵中的系数表达式代入面力载荷的等效节点载荷公式，则面 123 上的等效节点载荷为

$$\boldsymbol{F}_{\overline{P}}^{\mathrm{e}} = \int_l \boldsymbol{N}^{\mathrm{T}} \overline{\boldsymbol{P}} t \mathrm{d}l$$

$$= \iint_A \begin{bmatrix} N_1 & 0 & 0 & N_2 & 0 & 0 & N_3 & 0 & 0 & N_4 & 0 & 0 \\ 0 & N_1 & 0 & 0 & N_2 & 0 & 0 & N_3 & 0 & 0 & N_4 & 0 \\ 0 & 0 & N_1 & 0 & 0 & N_2 & 0 & 0 & N_3 & 0 & 0 & N_4 \end{bmatrix}^{\mathrm{T}} \begin{bmatrix} L_1 \overline{P} \\ 0 \\ 0 \end{bmatrix} \mathrm{d}A$$

$$= \iint_A \begin{bmatrix} L_1^2 \overline{P} & 0 & 0 & L_2 L_1 \overline{P} & 0 & 0 & L_3 L_1 \overline{P} & 0 & 0 & L_4 L_1 \overline{P} & 0 & 0 \end{bmatrix}^{\mathrm{T}} \mathrm{d}A$$

综上所述，若单元既有集中力载荷 $\boldsymbol{P}^{\mathrm{e}}$，又分布有体积力载荷 $\boldsymbol{b}^{\mathrm{e}}$ 和面力载荷 $\overline{\boldsymbol{P}}^{\mathrm{e}}$ 作用，则得到单元等效节点载荷向量 $\boldsymbol{F}^{\mathrm{e}}$ 为

$$\boldsymbol{F}^{\mathrm{e}} = \boldsymbol{F}_P^{\mathrm{e}} + \boldsymbol{F}_{\overline{P}}^{\mathrm{e}} + \boldsymbol{F}_b^{\mathrm{e}} = \boldsymbol{N}^{\mathrm{T}} \boldsymbol{P}^{\mathrm{e}} + \iint_A \boldsymbol{N}^{\mathrm{T}} \overline{\boldsymbol{P}}^{\mathrm{e}} \mathrm{d}A + \int_V \boldsymbol{N}^{\mathrm{T}} \boldsymbol{b}^{\mathrm{e}} \mathrm{d}V$$

4.2 8 节点六面体单元

▶▶▶ 4.2.1 单元位移函数和单元刚度矩阵 ▶▶▶

空间问题中的六面体单元类似于平面问题中的四边形平面单元，最简单的六面体单元是 8 节点六面体单元，每个单元由 8 个节点组成，每个节点有 3 个位移(即 3 个自由度)为 $(u_i, v_i, w_i)(i = 1, 2, \cdots, 8)$，单元的节点及节点位移如图 4-5 所示。

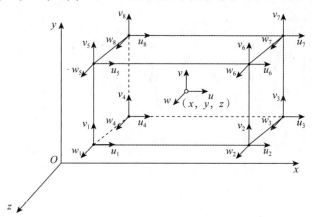

图 4-5 8 节点正六面体单元

单元的节点位移列矩阵 $\boldsymbol{q}^e$ 和节点力列矩阵 $\boldsymbol{P}^e$ 表示为

$$\boldsymbol{q}^e = \begin{bmatrix} u_1 & v_1 & w_1 & u_2 & v_2 & w_2 & \cdots & u_8 & v_8 & w_8 \end{bmatrix}^T$$

$$\boldsymbol{P}^e = \begin{bmatrix} P_{1x} & P_{1y} & P_{1z} & P_{2x} & P_{2y} & P_{2z} & \cdots & P_{8x} & P_{8y} & P_{8z} \end{bmatrix}^T$$

选取该单元的位移函数为

$$\begin{cases} u(x, y, z) = \bar{a}_1 + \bar{a}_2 x + \bar{a}_3 y + \bar{a}_4 z + \bar{a}_5 xy + \bar{a}_6 yz + \bar{a}_7 zx + \bar{a}_8 xyz \\ v(x, y, z) = \bar{a}_9 + \bar{a}_{10} x + \bar{a}_{11} y + \bar{a}_{12} z + \bar{a}_{13} xy + \bar{a}_{14} yz + \bar{a}_{15} zx + \bar{a}_{16} xyz \\ w(x, y, z) = \bar{a}_{17} + \bar{a}_{18} x + \bar{a}_{19} y + \bar{a}_{20} z + \bar{a}_{21} xy + \bar{a}_{22} yz + \bar{a}_{23} zx + \bar{a}_{24} xyz \end{cases} \quad (4-11)$$

将单元位移函数改写成单元位移与节点位移间的关系形式，并表示成矩阵形式为

$$\boldsymbol{q} = \begin{bmatrix} u \\ v \\ w \end{bmatrix} = \begin{bmatrix} N_1 & 0 & 0 & N_2 & 0 & 0 & \cdots & N_8 & 0 & 0 \\ 0 & N_1 & 0 & 0 & N_2 & 0 & \cdots & 0 & N_8 & 0 \\ 0 & 0 & N_1 & 0 & 0 & N_2 & \cdots & 0 & 0 & N_8 \end{bmatrix} \boldsymbol{q}^e = \boldsymbol{N} \boldsymbol{q}^e \quad (4-12)$$

式中，$\boldsymbol{N} = \begin{bmatrix} N_1 & 0 & 0 & N_2 & 0 & 0 & \cdots & N_8 & 0 & 0 \\ 0 & N_1 & 0 & 0 & N_2 & 0 & \cdots & 0 & N_8 & 0 \\ 0 & 0 & N_1 & 0 & 0 & N_2 & \cdots & 0 & 0 & N_8 \end{bmatrix}$ 为 8 节点六面体单元的**形函数矩阵**。

其中，形函数 N_i 为

$$N_i = \frac{1}{8} (1 + x_i x)(1 + y_i y)(1 + z_i z) \quad (i = 1, 2, \cdots, 8) \quad (4-13)$$

式中，x_i、y_i、z_i 为单元的节点坐标。

单元应变函数为

$$\boldsymbol{\varepsilon}_{6 \times 1} = [\partial] \boldsymbol{q} = [\partial] \boldsymbol{N} \boldsymbol{q}^e = \boldsymbol{B} \boldsymbol{q}^e$$

单元应变矩阵 $\boldsymbol{B}$ 写成分块矩阵表示为

$$\boldsymbol{B} = \begin{bmatrix} \boldsymbol{B}_1 & \boldsymbol{B}_2 & \cdots & \boldsymbol{B}_8 \end{bmatrix}$$

式中，分块矩阵 $\boldsymbol{B}_i$ 为

$$\boldsymbol{B}_i = \begin{bmatrix} \dfrac{\partial N_i}{\partial x} & 0 & 0 & \dfrac{\partial N_i}{\partial y} & 0 & \dfrac{\partial N_i}{\partial z} \\[2mm] 0 & \dfrac{\partial N_i}{\partial y} & 0 & \dfrac{\partial N_i}{\partial x} & \dfrac{\partial N_i}{\partial z} & 0 \\[2mm] 0 & 0 & \dfrac{\partial N_i}{\partial z} & 0 & \dfrac{\partial N_i}{\partial y} & \dfrac{\partial N_i}{\partial x} \end{bmatrix}^T \quad (i = 1, 2, \cdots, 8)$$

形函数 N_i 分别对单元坐标 x、y、z 求取偏导数，有

$$\begin{cases} \dfrac{\partial N_i}{\partial x} = \dfrac{x_i}{8a}(1 + y_iy)(1 + z_iz) & (i = 1, 2, \cdots, 8) \\[3mm] \dfrac{\partial N_i}{\partial y} = \dfrac{y_i}{8b}(1 + z_iz)(1 + x_ix) & (i = 1, 2, \cdots, 8) \\[3mm] \dfrac{\partial N_i}{\partial z} = \dfrac{z_i}{8c}(1 + x_ix)(1 + y_iy) & (i = 1, 2, \cdots, 8) \end{cases}$$

8 节点六面体单元的**单元刚度矩阵**为

$$\boldsymbol{K}^e = \int_V \boldsymbol{B}^T \boldsymbol{D} \boldsymbol{B} \mathrm{d}V = \iiint_V \boldsymbol{B}^T \boldsymbol{D} \boldsymbol{B} \mathrm{d}x\mathrm{d}y\mathrm{d}z$$

单元刚度方程为

$$\boldsymbol{K}^e_{24 \times 24} \boldsymbol{q}^e_{24 \times 1} = \boldsymbol{P}^e_{24 \times 1}$$

▶▶▶ 4.2.2　单元等效节点载荷 ▶▶▶

8 节点六面体单元的节点载荷和非节点载荷的等效节点载荷的施加方法与 4 节点四面体单元一致，这里简单给出相应的等效节点载荷表达式。

1. 集中力载荷的等效节点载荷

设单元内任一点 $M(x, y, z)$ 上作用有集中力载荷 $\boldsymbol{P}^e = \begin{bmatrix} P_x & P_y & P_z \end{bmatrix}^T$，将 $\boldsymbol{P}^e$ 偏移到该单元节点上的等效节点载荷向量为

$$\boldsymbol{F}^e_P = \begin{bmatrix} F_{1x} & F_{1y} & F_{1z} & F_{2x} & F_{2y} & F_{2z} & \cdots & F_{8x} & F_{8y} & F_{8z} \end{bmatrix}^T$$

根据虚功原理，有 $\boldsymbol{F}^e_P = \boldsymbol{N}^T \boldsymbol{P}^e$，即

$$\boldsymbol{F}^e_P = \begin{bmatrix} F_{1x} \\ F_{1y} \\ F_{1z} \\ F_{2x} \\ F_{2y} \\ F_{2z} \\ \vdots \\ F_{8x} \\ F_{8y} \\ F_{8z} \end{bmatrix} = \begin{bmatrix} N_1 & 0 & 0 & N_2 & 0 & 0 & \cdots & N_8 & 0 & 0 \\ 0 & N_1 & 0 & 0 & N_2 & 0 & \cdots & 0 & N_8 & 0 \\ 0 & 0 & N_1 & 0 & 0 & N_2 & \cdots & 0 & 0 & N_8 \end{bmatrix}^T \begin{bmatrix} P_x \\ P_y \\ P_z \end{bmatrix}$$

2. 体积力载荷的等效节点载荷

单位体积内的体积力载荷 $\boldsymbol{b}^e = \begin{bmatrix} b_x & b_y & b_z \end{bmatrix}^T$，其在整个单元上分布的体积力载荷的等效节点载荷向量为

$$\boldsymbol{F}^e_b = \int_V \boldsymbol{N}^T \boldsymbol{b}^e \mathrm{d}V = \iiint_V \boldsymbol{N}^T \boldsymbol{b}^e \mathrm{d}x\mathrm{d}y\mathrm{d}z$$

$$\boldsymbol{F}_b^{\mathrm{e}} = \begin{bmatrix} F_{1x} \\ F_{1y} \\ F_{1z} \\ F_{2x} \\ F_{2y} \\ F_{2z} \\ \vdots \\ F_{8x} \\ F_{8y} \\ F_{8z} \end{bmatrix} = \iiint_V \begin{bmatrix} N_1 & 0 & 0 & N_2 & 0 & 0 & \cdots & N_8 & 0 & 0 \\ 0 & N_1 & 0 & 0 & N_2 & 0 & \cdots & 0 & N_8 & 0 \\ 0 & 0 & N_1 & 0 & 0 & N_2 & \cdots & 0 & 0 & N_8 \end{bmatrix}^{\mathrm{T}} \begin{bmatrix} b_x \\ b_y \\ b_z \end{bmatrix} \mathrm{d}x\mathrm{d}y\mathrm{d}z$$

3. 面力载荷的等效节点载荷

对于空间问题，若单元上作用有面力载荷 $\overline{\boldsymbol{P}}^{\mathrm{e}} = \begin{bmatrix} \overline{P}_x & \overline{P}_y & \overline{P}_z \end{bmatrix}^{\mathrm{T}}$，则得到整个单元上面力的等效节点载荷向量为

$$\boldsymbol{F}_{\overline{P}}^{\mathrm{e}} = \iint_A \boldsymbol{N}^{\mathrm{T}} \overline{\boldsymbol{P}}^{\mathrm{e}} \mathrm{d}A$$

如果单元既有集中力载荷 $\boldsymbol{P}^{\mathrm{e}}$，又分布有体积力载荷 $\overline{\boldsymbol{b}}^{\mathrm{e}}$ 和面力载荷 $\overline{\boldsymbol{P}}^{\mathrm{e}}$，则得到单元等效节点载荷向量 $\boldsymbol{F}^{\mathrm{e}} = \boldsymbol{F}_P^{\mathrm{e}} + \boldsymbol{F}_{\overline{P}}^{\mathrm{e}} + \boldsymbol{F}_b^{\mathrm{e}}$。

 ## 4.3 空间等参数单元

空间等参数单元的推导和分析过程与平面等参数单元类似。空间等参数单元主要有 8 节点六面体等参数单元、20 节点六面体等参数单元、10 节点四面体等参数单元等类型。

与平面问题的等参数单元类似，首先建立标准坐标系 $O'\xi\eta\zeta$ 下的规则六面体单元——正六面体单元，设定该单元的边长为 2。其次，在整体坐标系 $Oxyz$ 下建立任意形状的六面体单元即映射单元，图 4-6~图 4-9 分别为在标准坐标系或整体坐标系下的 8 节点正六面体单元、8 节点任意形状六面体单元、20 节点正六面体单元、20 节点任意形状六面体单元。

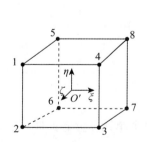

图 4-6　8 节点正六面体单元

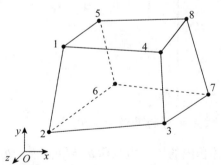

图 4-7　8 节点任意形状六面体单元

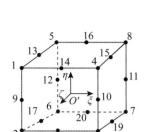

图4-8 20节点正六面体单元

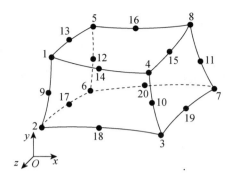

图4-9 20节点任意形状六面体单元

▶▶▶ 4.3.1 形函数变换 ▶▶▶ ▶

在空间等参数单元中，20节点六面体等参数单元可实现边界为曲面的复杂问题求解，在实际工程分析中应用广泛，它具有比8节点六面体等参数单元更高的计算精度。这里，以20节点六面体等参数单元为例，介绍空间等参数单元的单元坐标变换、单元位移函数构造及单元刚度矩阵构造的思路。

设20节点正六面体单元与20节点任意形状六面体单元间的坐标变换在节点处的形式为

$$\begin{cases} x_i = x_i(\xi_i,\ \eta_i,\ \zeta_i) \\ y_i = y_i(\xi_i,\ \eta_i,\ \zeta_i)\ (i=1,\ 2,\ \cdots,\ 20) \\ z_i = z_i(\xi_i,\ \eta_i,\ \zeta_i) \end{cases}$$

式中，$(\xi_i,\ \eta_i,\ \zeta_i)$ 为标准坐标系下单元上节点的坐标；$(x_i,\ y_i,\ z_i)$ 为整体坐标系下单元上节点的坐标。

用形函数的方式描述20节点任意形状六面体单元的位移函数为

$$\begin{cases} u(\xi,\ \eta,\ \zeta)=\sum_{i=1}^{20}N_i(\xi,\ \eta,\ \zeta)u_i=N_1(\xi,\ \eta,\ \zeta)u_1+N_2(\xi,\ \eta,\ \zeta)u_2+\cdots+N_{20}(\xi,\ \eta,\ \zeta)u_{20} \\ v(\xi,\ \eta,\ \zeta)=\sum_{i=1}^{20}N_i(\xi,\ \eta,\ \zeta)v_i=N_1(\xi,\ \eta,\ \zeta)v_1+N_2(\xi,\ \eta,\ \zeta)v_2+\cdots+N_{20}(\xi,\ \eta,\ \zeta)v_{20} \\ w(\xi,\ \eta,\ \zeta)=\sum_{i=1}^{20}N_i(\xi,\ \eta,\ \zeta)w_i=N_1(\xi,\ \eta,\ \zeta)w_1+N_2(\xi,\ \eta,\ \zeta)w_2+\cdots+N_{20}(\xi,\ \eta,\ \zeta)w_{20} \end{cases}$$

$$(4-14)$$

其中，20节点六面体等参数单元对应有20个形函数，其中第1~8节点是角节点，从第9个节点开始为两个角节点间的棱边中间增加的边节点。

8个角节点的形函数表示成量纲形式为

$$N_i(\xi,\ \eta)=\frac{1}{8}(1+\xi_i\xi)(1+\eta_i\eta)(1+\zeta_i\zeta)(\xi_i\xi+\eta_i\eta+\zeta_i\zeta)\ (i=1,\ 2,\ \cdots,\ 8)$$

$$(4-15)$$

对于 $\xi_i=0$ 的边节点，形函数为

$$N_i(\xi,\ \eta,\ \zeta)=\frac{1}{4}(1-\xi^2)(1+\eta_i\eta)(1+\zeta_i\zeta)\ (i=9,\ 10,\ \cdots,\ 20) \qquad (4-16)$$

对于 $\eta_i=0$ 的边节点，形函数为

$$N_i(\xi,\ \eta,\ \zeta)=\frac{1}{4}(1-\eta^2)(1+\xi_i\xi)(1+\zeta_i\zeta)\ (i=9,\ 10,\ \cdots,\ 20) \qquad (4-17)$$

对于 $\zeta_i = 0$ 的边节点，形函数为

$$N_i(\xi, \eta, \zeta) = \frac{1}{4}(1 - \zeta^2)(1 + \xi_i\xi)(1 + \eta_i\eta) \quad (i = 9, 10, \cdots, 20) \quad (4-18)$$

坐标变换采用与位移函数相同的形函数，即

$$\begin{cases} x(\xi, \eta, \zeta) = \sum_{i=1}^{20} N_i(\xi, \eta, \zeta)x_i \\[2mm] y(\xi, \eta, \zeta) = \sum_{i=1}^{20} N_i(\xi, \eta, \zeta)y_i \\[2mm] z(\xi, \eta, \zeta) = \sum_{i=1}^{20} N_i(\xi, \eta, \zeta)z_i \end{cases} \quad (4-19)$$

▶▶▶ 4.3.2　单元应变矩阵和单元应力矩阵 ▶▶ ▶

与 4 节点矩形平面单元的单元应变矩阵和单元应力矩阵表达方式类似，结合弹性力学平面问题的几何变形方程，20 节点六面体等参数单元的应变由 6 个应变分量组成，在标准坐标系下应变矩阵表示为

$$\boldsymbol{\varepsilon} = \begin{bmatrix} \varepsilon_{xx} \\ \varepsilon_{yy} \\ \varepsilon_{zz} \\ \gamma_{xy} \\ \gamma_{yz} \\ \gamma_{zx} \end{bmatrix} = \begin{bmatrix} \dfrac{\partial u}{\partial x} \\[2mm] \dfrac{\partial v}{\partial y} \\[2mm] \dfrac{\partial w}{\partial z} \\[2mm] \dfrac{\partial u}{\partial y} + \dfrac{\partial v}{\partial x} \\[2mm] \dfrac{\partial w}{\partial y} + \dfrac{\partial v}{\partial z} \\[2mm] \dfrac{\partial u}{\partial z} + \dfrac{\partial w}{\partial x} \end{bmatrix} = \boldsymbol{B}\boldsymbol{q}^e = \begin{bmatrix} \boldsymbol{B}_1 & \boldsymbol{B}_2 & \cdots & \boldsymbol{B}_{20} \end{bmatrix}\boldsymbol{q}^e \quad (4-20)$$

式中，$\boldsymbol{B}$ 为等参数单元的单元应变矩阵，其分块矩阵 $\boldsymbol{B}_i$ 表示为

$$\boldsymbol{B}_i = \begin{bmatrix} \dfrac{\partial N_i(\xi, \eta, \zeta)}{\partial x} & 0 & 0 \\[3mm] 0 & \dfrac{\partial N_i(\xi, \eta, \zeta)}{\partial y} & 0 \\[3mm] 0 & 0 & \dfrac{\partial N_i(\xi, \eta, \zeta)}{\partial z} \\[3mm] \dfrac{\partial N_i(\xi, \eta, \zeta)}{\partial y} & \dfrac{\partial N_i(\xi, \eta, \zeta)}{\partial x} & 0 \\[3mm] 0 & \dfrac{\partial N_i(\xi, \eta, \zeta)}{\partial z} & \dfrac{\partial N_i(\xi, \eta, \zeta)}{\partial y} \\[3mm] \dfrac{\partial N_i(\xi, \eta, \zeta)}{\partial z} & 0 & \dfrac{\partial N_i(\xi, \eta, \zeta)}{\partial x} \end{bmatrix} \quad (i = 1, 2, \cdots, 20)$$

$$\boldsymbol{q}^{e} = \begin{bmatrix} u_1 & v_1 & u_2 & v_2 & \cdots & u_{20} & v_{20} \end{bmatrix}^{T}$$

单元应变矩阵 $\boldsymbol{B}$ 由标准坐标系下的形函数 $N_i(\xi，\eta，\zeta)$ 对 x、y、z 求偏导数而得，需要通过坐标变换得到形函数 $N_i(\xi，\eta，\zeta)$ 对 ξ，η，ζ 的偏导数，仍然采用雅可比矩阵描述坐标变换关系，并写成矩阵形式为

$$\begin{bmatrix} \dfrac{\partial N_i}{\partial \xi} \\[2mm] \dfrac{\partial N_i}{\partial \eta} \\[2mm] \dfrac{\partial N_i}{\partial \zeta} \end{bmatrix} = \begin{bmatrix} \dfrac{\partial x}{\partial \xi} & \dfrac{\partial y}{\partial \xi} & \dfrac{\partial z}{\partial \xi} \\[2mm] \dfrac{\partial x}{\partial \eta} & \dfrac{\partial y}{\partial \eta} & \dfrac{\partial z}{\partial \eta} \\[2mm] \dfrac{\partial x}{\partial \zeta} & \dfrac{\partial y}{\partial \zeta} & \dfrac{\partial z}{\partial \zeta} \end{bmatrix} \begin{bmatrix} \dfrac{\partial N_i}{\partial x} \\[2mm] \dfrac{\partial N_i}{\partial y} \\[2mm] \dfrac{\partial N_i}{\partial z} \end{bmatrix} \tag{4-21}$$

其中，$\boldsymbol{J} = \begin{bmatrix} \dfrac{\partial x}{\partial \xi} & \dfrac{\partial y}{\partial \xi} & \dfrac{\partial z}{\partial \xi} \\[2mm] \dfrac{\partial x}{\partial \eta} & \dfrac{\partial y}{\partial \eta} & \dfrac{\partial z}{\partial \eta} \\[2mm] \dfrac{\partial x}{\partial \zeta} & \dfrac{\partial y}{\partial \zeta} & \dfrac{\partial z}{\partial \zeta} \end{bmatrix}$ 为雅可比矩阵，矩阵中的元素为

$$\begin{cases} \dfrac{\partial x}{\partial \xi} = \sum_{i=1}^{20} \dfrac{\partial N_i}{\partial \xi} x_i，\quad \dfrac{\partial y}{\partial \xi} = \sum_{i=1}^{20} \dfrac{\partial N_i}{\partial \xi} y_i，\quad \dfrac{\partial z}{\partial \xi} = \sum_{i=1}^{20} \dfrac{\partial N_i}{\partial \xi} z_i \\[3mm] \dfrac{\partial x}{\partial \eta} = \sum_{i=1}^{20} \dfrac{\partial N_i}{\partial \eta} x_i，\quad \dfrac{\partial y}{\partial \eta} = \sum_{i=1}^{20} \dfrac{\partial N_i}{\partial \eta} y_i，\quad \dfrac{\partial z}{\partial \eta} = \sum_{i=1}^{20} \dfrac{\partial N_i}{\partial \eta} z_i \\[3mm] \dfrac{\partial x}{\partial \zeta} = \sum_{i=1}^{20} \dfrac{\partial N_i}{\partial \zeta} x_i，\quad \dfrac{\partial y}{\partial \zeta} = \sum_{i=1}^{20} \dfrac{\partial N_i}{\partial \zeta} y_i，\quad \dfrac{\partial z}{\partial \zeta} = \sum_{i=1}^{20} \dfrac{\partial N_i}{\partial \zeta} z_i \end{cases} \tag{4-22}$$

单元的应力表示为

$$\boldsymbol{\sigma} = \boldsymbol{D}\boldsymbol{\varepsilon} = \boldsymbol{D}\boldsymbol{B}\boldsymbol{q}^{e} = \boldsymbol{S}\boldsymbol{q}^{e} = \begin{bmatrix} \boldsymbol{S}_1 & \boldsymbol{S}_2 & \cdots & \boldsymbol{S}_{20} \end{bmatrix}\boldsymbol{q}^{e}$$

▶▶▶ 4.3.3 单元刚度矩阵 ▶▶▶

与求解四边形等参数单元的单元刚度矩阵类似，在求解 20 节点六面体等参数单元的单元刚度矩阵时也要将其转换到标准坐标系下进行单元的积分。在整体坐标系下微元体体积为

$$\mathrm{d}V = \mathrm{d}x\mathrm{d}y\mathrm{d}z = \begin{vmatrix} \dfrac{\partial x}{\partial \xi} & \dfrac{\partial x}{\partial \eta} & \dfrac{\partial x}{\partial \zeta} \\[2mm] \dfrac{\partial y}{\partial \xi} & \dfrac{\partial y}{\partial \eta} & \dfrac{\partial y}{\partial \zeta} \\[2mm] \dfrac{\partial z}{\partial \xi} & \dfrac{\partial z}{\partial \eta} & \dfrac{\partial z}{\partial \zeta} \end{vmatrix} \mathrm{d}\xi\mathrm{d}\eta\mathrm{d}\zeta = |\boldsymbol{J}|\mathrm{d}\xi\mathrm{d}\eta\mathrm{d}\zeta \tag{4-23}$$

20 节点六面体等参数单元的单元刚度矩阵为 $2n \times 2n$ 阶的对称矩阵，表示为

$$\boldsymbol{K}^{e} = \int_{V} \boldsymbol{B}^{T}\boldsymbol{D}\boldsymbol{B}\mathrm{d}V = \begin{bmatrix} \boldsymbol{K}_{1,1} & \boldsymbol{K}_{1,2} & \cdots & \boldsymbol{K}_{1,20} \\ \boldsymbol{K}_{2,1} & \boldsymbol{K}_{2,2} & \cdots & \boldsymbol{K}_{2,20} \\ \vdots & \vdots & & \vdots \\ \boldsymbol{K}_{20,1} & \boldsymbol{K}_{20,2} & \cdots & \boldsymbol{K}_{20,20} \end{bmatrix}_{60 \times 60} \tag{4-24}$$

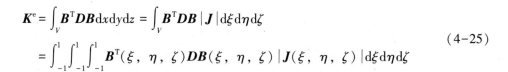

$$K^e = \int_V B^T DB \, dxdydz = \int_V B^T DB \, |J| \, d\xi d\eta d\zeta$$

$$= \int_{-1}^{1} \int_{-1}^{1} \int_{-1}^{1} B^T(\xi, \eta, \zeta) DB(\xi, \eta, \zeta) \, |J(\xi, \eta, \zeta)| \, d\xi d\eta d\zeta \tag{4-25}$$

习 题

4-1 试以 4 节点四面体单元为例,解释有限元分析的基本步骤及过程。

4-2 空间问题与平面问题相比,在构造形函数时有何区别?

4-3 什么是面积坐标?单元的面积坐标与形函数间有什么关系?

4-4 试构造 4 节点四面体等参数单元的形函数。

4-5 如题 4-5 图所示,若四面体单元的面 123 上受到沿 y 轴正方向的均布面力载荷的作用,$\overline{P} = 2 \text{ kN/m}$,面 123 的面积 $A = 6 \text{ m}^2$,求该单元面力载荷的等效节点载荷向量。

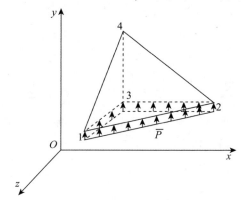

题 4-5 图

第5章
轴对称问题的有限元方法

5.1 引 言

在工程实际中经常会遇到一些变形体如轮盘、电梯中的转子、阶梯轴等，它们的形状可以看成是一个平面图形绕通过该面的轴线旋转而成的旋转体。若旋转体所受的几何约束和载荷也关于此轴线对称，则称这类问题为轴对称问题。轴对称问题是特殊的空间问题，利用轴对称的特点分析这类问题时可以减少空间问题中的单元数量。但是，若变形体是轴对称结构，而其所受约束或载荷中有不是轴对称的或所受载荷中存在弯矩、扭矩等情况，则该类问题不能作为轴对称问题进行有限元分析。

在轴对称问题中，通常采用圆柱坐标系 $Or\theta z$，代替直角坐标系 $Oxyz$ 来进行描述，r 轴为半径方向（径向），θ 轴为圆周方向（环向），z 轴为平面图形转动时右手螺旋定则确定的对称轴的正方向（轴向）。对于轴对称问题，变形体在载荷作用下，任意经过轴线截面的位移、应力、应变都一样，均与环向 θ 无关，只是关于 r、z 的函数。这样，轴对称问题就可以转化为关于所在平面的问题，类似于二维平面问题。

5.2 3节点三角形轴对称单元

将图 5-1(a)所示旋转体结构的某一截面离散成图 5-1(b)所示若干个三角形，并将节点 1、2、5 构成的三角形绕 z 轴旋转成图 5-1(c)所示 3 节点三角形轴对称单元。定义该轴对称单元任一点的径向位移为 u、环向位移为 v、轴向位移为 w，分别对应 r、θ、z 轴方向的位移分量。由于环向的位移为 0（即 $v_\theta = 0$），故设轴对称单元内任一点 M 的坐标为 (r, z)，对应的位移为 $q = \begin{bmatrix} u(r, z) & w(r, z) \end{bmatrix}^T$，节点坐标可表示为 (r_1, z_1)，(r_2, z_2)，(r_3, z_3)。

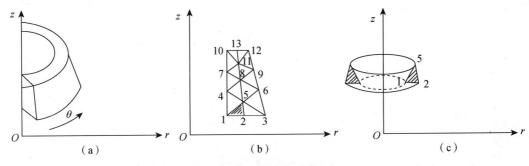

图 5-1　轴对称单元

(a)旋转体结构；(b)离散为若干三角形的平面；(c)3 节点三角形轴对称单元

3 节点三角形轴对称单元的节点位移和节点力用列矩阵分别表示为

$$\boldsymbol{q}^{\mathrm{e}} = \begin{bmatrix} u_1 & w_1 & u_2 & w_2 & u_3 & w_3 \end{bmatrix}^{\mathrm{T}}$$

$$\boldsymbol{P}^{\mathrm{e}} = \begin{bmatrix} P_{1r} & P_{1z} & P_{2r} & P_{2z} & P_{3r} & P_{3z} \end{bmatrix}^{\mathrm{T}}$$

▶▶▶ 5.2.1　单元位移函数 ▶▶▶

按照空间问题的几何变形方程描述方式，轴对称问题的应变分量应为 6 个，即

$$\boldsymbol{\varepsilon} = \begin{bmatrix} \varepsilon_{rr} & \varepsilon_{\theta\theta} & \varepsilon_{zz} & \gamma_{r\theta} & \gamma_{\theta z} & \gamma_{rz} \end{bmatrix}^{\mathrm{T}}$$

由于环向位移为 0，结合弹性力学几何变形方程可知

$$\gamma_{r\theta} = \frac{\partial v}{\partial r} + \frac{\partial u}{r \partial \theta} - \frac{v}{r} = 0, \quad \gamma_{\theta z} = \frac{\partial w}{r \partial \theta} + \frac{\partial v}{\partial z} = 0$$

因此，轴对称单元内任一点的应变为

$$\boldsymbol{\varepsilon} = \begin{bmatrix} \varepsilon_{rr} & \varepsilon_{\theta\theta} & \varepsilon_{zz} & \gamma_{rz} \end{bmatrix}^{\mathrm{T}}$$

则确定轴对称单元的位移函数为

$$\begin{cases} u(r,\ z) = \bar{a}_1 + \bar{a}_2 r + \bar{a}_3 z \\ w(r,\ z) = \bar{a}_4 + \bar{a}_5 r + \bar{a}_6 z \end{cases} \tag{5-1}$$

再把单元中 3 个节点的位置坐标代入上式，得到 3 个节点位移为

$$\begin{cases} u_1 = \bar{a}_1 + \bar{a}_2 r_1 + \bar{a}_3 z_1 \\ u_2 = \bar{a}_1 + \bar{a}_2 r_2 + \bar{a}_3 z_2 \\ u_3 = \bar{a}_1 + \bar{a}_2 r_3 + \bar{a}_3 z_3 \\ w_1 = \bar{a}_4 + \bar{a}_5 r_1 + \bar{a}_6 z_1 \\ w_2 = \bar{a}_4 + \bar{a}_5 r_2 + \bar{a}_6 z_2 \\ w_3 = \bar{a}_4 + \bar{a}_5 r_3 + \bar{a}_6 z_3 \end{cases} \tag{5-2}$$

求解方程组(5-2)，得到待定系数 $\bar{a}_1$、$\bar{a}_2$、$\bar{a}_3$、$\bar{a}_4$、$\bar{a}_5$、$\bar{a}_6$，即

$$\begin{cases} \overline{a_1} = \dfrac{1}{2A}(a_1u_1 + a_2u_2 + a_3u_3) \\[2mm] \overline{a_2} = \dfrac{1}{2A}(b_1u_1 + b_2u_2 + b_3u_3) \\[2mm] \overline{a_3} = \dfrac{1}{2A}(c_1u_1 + c_2u_2 + c_3u_3) \\[2mm] \overline{a_4} = \dfrac{1}{2A}(a_1w_1 + a_2w_2 + a_3w_3) \\[2mm] \overline{a_5} = \dfrac{1}{2A}(b_1w_1 + b_2w_2 + b_3w_3) \\[2mm] \overline{a_6} = \dfrac{1}{2A}(c_1w_1 + c_2w_2 + c_3w_3) \end{cases} \tag{5-3}$$

式中，a_i、b_i、c_i 是只与单元节点坐标相关的常数（$i=1$，2，3），即

$$\begin{cases} a_1 = r_2z_3 - r_3z_2 \\ a_2 = r_3z_1 - r_1z_3 \\ a_3 = r_1z_2 - r_2z_1 \\ b_1 = z_2 - z_3 \\ b_2 = z_3 - z_1 \\ b_3 = z_1 - z_2 \\ c_1 = r_3 - r_2 \\ c_2 = r_1 - r_3 \\ c_3 = r_2 - r_1 \end{cases} \tag{5-4}$$

将系数 $\overline{a_1}$、$\overline{a_2}$、$\overline{a_3}$、$\overline{a_4}$、$\overline{a_5}$、$\overline{a_6}$ 代入式（5-1）中，则单元位移与节点位移间的关系，即单元位移函数可表示为

$$\begin{cases} u = N_1u_1 + N_2u_2 + N_3u_3 \\ w = N_1w_1 + N_2w_2 + N_3w_3 \end{cases} \tag{5-5}$$

上述公式与平面问题和空间问题分析过程类似，将位移函数写成矩阵形式为

$$\boldsymbol{q} = \begin{bmatrix} u \\ w \end{bmatrix} = \begin{bmatrix} N_1 & 0 & N_2 & 0 & N_3 & 0 \\ 0 & N_1 & 0 & N_2 & 0 & N_3 \end{bmatrix} \begin{bmatrix} u_1 \\ w_1 \\ u_2 \\ w_2 \\ u_3 \\ w_3 \end{bmatrix} = \boldsymbol{N}\boldsymbol{q}^{\mathrm{e}} \tag{5-6}$$

其中，$\boldsymbol{N} = \begin{bmatrix} N_1 & 0 & N_2 & 0 & N_3 & 0 \\ 0 & N_1 & 0 & N_2 & 0 & N_3 \end{bmatrix}$ 为形函数矩阵，矩阵中形函数 N_i 为

$$N_i = \frac{1}{2A}(a_i + b_ir + c_iz) \quad (i = 1，2，3)$$

▶▶▶ 5.2.2 单元应变矩阵和单元应力矩阵 ▶▶▶ ▶

1. 单元应变矩阵

对于 3 节点三角形轴对称单元，由弹性力学几何变形方程可知应变为

$$\boldsymbol{\varepsilon} = \begin{bmatrix} \varepsilon_{rr} \\ \varepsilon_{\theta\theta} \\ \varepsilon_{zz} \\ \gamma_{rz} \end{bmatrix} = \begin{bmatrix} \dfrac{\partial}{\partial r} & 0 \\ \dfrac{1}{r} & 0 \\ 0 & \dfrac{\partial}{\partial z} \\ \dfrac{\partial}{\partial z} & \dfrac{\partial}{\partial r} \end{bmatrix} \begin{bmatrix} u \\ w \end{bmatrix} = \begin{bmatrix} \dfrac{\partial}{\partial r} & 0 \\ \dfrac{1}{r} & 0 \\ 0 & \dfrac{\partial}{\partial z} \\ \dfrac{\partial}{\partial z} & \dfrac{\partial}{\partial r} \end{bmatrix} \boldsymbol{q} = [\partial] \boldsymbol{N} \boldsymbol{q}^e = \begin{bmatrix} \dfrac{\partial u}{\partial \gamma} \\ \dfrac{u}{r} \\ \dfrac{\partial w}{\partial z} \\ \dfrac{\partial w}{\partial r} + \dfrac{\partial u}{\partial z} \end{bmatrix} = \boldsymbol{B} \boldsymbol{q}^e \tag{5-7}$$

式中，单元应变矩阵 $\boldsymbol{B}$ 为

$$\boldsymbol{B} = [\partial]\boldsymbol{N} = \begin{bmatrix} \dfrac{\partial}{\partial r} & 0 \\ \dfrac{1}{r} & 0 \\ 0 & \dfrac{\partial}{\partial z} \\ \dfrac{\partial}{\partial z} & \dfrac{\partial}{\partial r} \end{bmatrix} \begin{bmatrix} N_1 & 0 & N_2 & 0 & N_3 & 0 \\ 0 & N_1 & 0 & N_2 & 0 & N_3 \end{bmatrix}$$

$$= \frac{1}{2A} \begin{bmatrix} b_1 & 0 & b_2 & 0 & b_3 & 0 \\ f_1 & 0 & f_2 & 0 & f_3 & 0 \\ 0 & c_1 & 0 & c_2 & 0 & c_3 \\ c_1 & b_1 & c_2 & b_2 & c_3 & b_3 \end{bmatrix} = \begin{bmatrix} \boldsymbol{B}_1 & \boldsymbol{B}_2 & \boldsymbol{B}_3 \end{bmatrix} \tag{5-8}$$

其中，单元应变矩阵 $\boldsymbol{B}$ 用分块矩阵形式表示，分块矩阵 $\boldsymbol{B}_i$ 表示为

$$\boldsymbol{B}_i = \frac{1}{2A} \begin{bmatrix} b_i & 0 \\ f_i & 0 \\ 0 & c_i \\ c_i & b_i \end{bmatrix} \quad (i = 1, 2, 3) \tag{5-9}$$

式中，

$$f_i = \frac{a_i + b_i r + c_i z}{r} \quad (i = 1, 2, 3) \tag{5-10}$$

由此可看出，在轴对称问题中单元应变矩阵中的应变分量 ε_{rr}、ε_{zz}、γ_{rz} 为常数，分量 $\varepsilon_{\theta\theta}$ 中包含的系数 f 由变量 r、z 决定。因此，轴对称问题的单元应变矩阵不是常数矩阵。

2. 单元应力矩阵

对于 3 节点三角形轴对称单元，由弹性力学中的物理本构方程可知应力为

$$\boldsymbol{\sigma} = \boldsymbol{D}\boldsymbol{\varepsilon} = \boldsymbol{D}\boldsymbol{B}\boldsymbol{q}^e = \boldsymbol{S}\boldsymbol{q}^e = \begin{bmatrix} \boldsymbol{S}_1 & \boldsymbol{S}_2 & \boldsymbol{S}_3 \end{bmatrix} \boldsymbol{q}^e \tag{5-11}$$

式中，弹性系数矩阵 $\boldsymbol{D}$ 为

$$\boldsymbol{D} = \frac{E(1-\mu)}{2(1+\mu)(1-2\mu)}\begin{bmatrix} 1 & \dfrac{\mu}{1-\mu} & \dfrac{\mu}{1-\mu} & 0 \\[2mm] \dfrac{\mu}{1-\mu} & 1 & \dfrac{\mu}{1-\mu} & 0 \\[2mm] \dfrac{\mu}{1-\mu} & \dfrac{\mu}{1-\mu} & 1 & 0 \\[2mm] 0 & 0 & 0 & \dfrac{1-2\mu}{2(1-\mu)} \end{bmatrix} \quad (i=1,2,3) \quad (5\text{-}12)$$

单元应力矩阵 $\boldsymbol{S}$ 为

$$\boldsymbol{S} = \boldsymbol{DB} = \begin{bmatrix} \boldsymbol{S}_1 & \boldsymbol{S}_2 & \boldsymbol{S}_3 \end{bmatrix} \tag{5-13}$$

式中，单元应力矩阵 $\boldsymbol{S}$ 用分块矩阵形式表示，分块矩阵 $\boldsymbol{S}_i$ 表示为

$$\boldsymbol{S}_i = \frac{E(1-\mu)}{2A(1+\mu)(1-2\mu)}\begin{bmatrix} b_i + \dfrac{\mu}{1-\mu}f_i & \dfrac{\mu}{1-\mu}c_i \\[3mm] b_i\dfrac{\mu}{1-\mu} + f_i & \dfrac{\mu}{1-\mu}c_i \\[3mm] \dfrac{\mu}{1-\mu}(b_i+f_i)c_i & c_i \\[3mm] \dfrac{1-2\mu}{2(1-\mu)}c_i & \dfrac{1-2\mu}{2(1-\mu)}b_i \end{bmatrix} \quad (i=1,2,3) \quad (5\text{-}14)$$

可见，在 3 节点三角形轴对称单元中，单元应变矩阵 $\boldsymbol{B}$ 的第 1、3、4 行元素均为常数，第 2 行元素包含 f_i 为关于 r、z 的函数，因而 3 节点三角形轴对称单元的单元应变矩阵 $\boldsymbol{B}$ 不是常数矩阵，单元应力矩阵 $\boldsymbol{S}$ 亦不是常数矩阵，即 3 节点三角形轴对称单元不是常应变单元和常应力单元。

▶▶▶ 5.2.3 单元刚度矩阵 ▶▶▶

3 节点三角形轴对称单元的单元刚度矩阵为

$$\boldsymbol{K}^e = \int_V \boldsymbol{B}^{\mathrm{T}} \boldsymbol{DB} \mathrm{d}V = \int_V \boldsymbol{B}^{\mathrm{T}} \boldsymbol{DB} r \mathrm{d}r \mathrm{d}\theta \mathrm{d}z = \int_0^{2\pi} \mathrm{d}\theta \iint_A \boldsymbol{B}^{\mathrm{T}} \boldsymbol{DB} r \mathrm{d}r \mathrm{d}z = 2\pi \iint_A \boldsymbol{B}^{\mathrm{T}} \boldsymbol{DB} r \mathrm{d}r \mathrm{d}z \quad (5\text{-}15)$$

单元刚度方程为

$$\boldsymbol{K}^e \boldsymbol{q}^e = \boldsymbol{P}^e \tag{5-16}$$

▶▶▶ 5.2.4 单元等效节点载荷 ▶▶▶

对于轴对称问题中的载荷，与平面问题的单元载荷等效方法一样，需将单元上非节点位置上的载荷等效到节点处，转化为等效节点载荷，等效后的节点载荷仍为轴对称载荷。

1. 集中力载荷的等效节点载荷

轴对称问题中的集中力是分布在某一圆周上的轴对称线载荷（即施加在轴对称截面单元边界上的集中力）。假设单元内任一点 $M(r,z)$ 上作用有集中力 $\boldsymbol{P}^e = \begin{bmatrix} P_r & P_z \end{bmatrix}^{\mathrm{T}}$，如图 5-2 所示，$\boldsymbol{P}^e$ 为作用在圆周 $2\pi r$ 上单位弧长的力，r 为集中力作用点的半径，将 $\boldsymbol{P}^e$ 偏移到该

单元的节点上，等效节点载荷向量为

$$\boldsymbol{F}_P^{\mathrm{e}} = \begin{bmatrix} F_{1r} & F_{1z} & F_{2r} & F_{2z} & F_{3r} & F_{3z} \end{bmatrix}^{\mathrm{T}} \tag{5-17}$$

假设该单元产生虚位移 $\delta\boldsymbol{q}$，节点的虚位移为

$$\delta\boldsymbol{q}^{\mathrm{e}} = \begin{bmatrix} u_1 & w_1 & u_2 & w_2 & u_3 & w_3 \end{bmatrix}^{\mathrm{T}} \tag{5-18}$$

则有

$$\delta\boldsymbol{q} = \boldsymbol{N}\delta\boldsymbol{q}^{\mathrm{e}} \tag{5-19}$$

根据虚功原理，整个圆周上的集中力 $2\pi r \boldsymbol{P}^{\mathrm{e}}$ 在 $\delta\boldsymbol{q}$ 上做的虚功为

$$2\pi r(\delta\boldsymbol{q})^{\mathrm{T}}\boldsymbol{P}^{\mathrm{e}} = 2\pi r(\boldsymbol{N}\delta\boldsymbol{q}^{\mathrm{e}})^{\mathrm{T}}\boldsymbol{P}^{\mathrm{e}} = 2\pi r(\delta\boldsymbol{q}^{\mathrm{e}})^{\mathrm{T}}\boldsymbol{N}^{\mathrm{T}}\boldsymbol{P}^{\mathrm{e}} \tag{5-20}$$

等效节点力 $\boldsymbol{F}_P^{\mathrm{e}}$ 在节点虚位移 $\delta\boldsymbol{q}^{\mathrm{e}}$ 上做的虚功为

$$F_{1r}\delta u_1 + F_{1z}\delta w_1 + F_{2r}\delta u_2 + F_{2z}\delta w_2 + F_{3r}\delta u_3 + F_{3z}\delta w_3 = (\delta\boldsymbol{q}^{\mathrm{e}})^{\mathrm{T}}\boldsymbol{F}_P^{\mathrm{e}} \tag{5-21}$$

由等效原则，有

$$\boldsymbol{F}_P^{\mathrm{e}} = 2\pi r\boldsymbol{N}^{\mathrm{T}}\boldsymbol{P}^{\mathrm{e}} \tag{5-22}$$

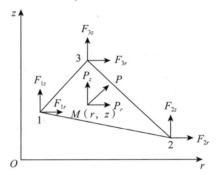

图 5-2　单元集中力

2. 体积力载荷的等效节点载荷

假设单元上作用有体积力，单元的体积力载荷 $\boldsymbol{b}^{\mathrm{e}} = \begin{bmatrix} b_r & b_z \end{bmatrix}^{\mathrm{T}}$，将 $\boldsymbol{b}^{\mathrm{e}}$ 偏移到该单元节点上，等效节点载荷向量为

$$\boldsymbol{F}_b^{\mathrm{e}} = \begin{bmatrix} F_{1r} & F_{1z} & F_{2r} & F_{2z} & F_{3r} & F_{3z} \end{bmatrix}^{\mathrm{T}} \tag{5-23}$$

根据虚功原理，整个圆周的集中力 $\boldsymbol{b}^{\mathrm{e}}\mathrm{d}V$ 在 $\delta\boldsymbol{q}$ 上做的虚功为

$$(\delta\boldsymbol{q})^{\mathrm{T}}\int_V \boldsymbol{b}^{\mathrm{e}}\mathrm{d}V = [\boldsymbol{N}\delta\boldsymbol{q}^{\mathrm{e}}]^{\mathrm{T}}\int_V \boldsymbol{b}^{\mathrm{e}}\mathrm{d}V = (\delta\boldsymbol{q}^{\mathrm{e}})^{\mathrm{T}}\int_V \boldsymbol{N}^{\mathrm{T}}\boldsymbol{b}^{\mathrm{e}}\mathrm{d}V \tag{5-24}$$

等效节点力 $\boldsymbol{F}_b^{\mathrm{e}}$ 在节点虚位移 $\delta\boldsymbol{q}^{\mathrm{e}}$ 上做的虚功为

$$F_{1r}\delta u_1 + F_{1z}\delta w_1 + F_{2r}\delta u_2 + F_{2z}\delta w_2 + F_{3r}\delta u_3 + F_{3z}\delta w_3 = (\delta\boldsymbol{q}^{\mathrm{e}})^{\mathrm{T}}\boldsymbol{F}_b^{\mathrm{e}} \tag{5-25}$$

由等效原则，有

$$\boldsymbol{F}_b^{\mathrm{e}} = \int_V \boldsymbol{N}^{\mathrm{T}}\boldsymbol{b}^{\mathrm{e}}\mathrm{d}V \tag{5-26}$$

对于轴对称问题中的体积力，主要有重力和惯性力等类型。下面简单推导重力和惯性力的等效节点载荷。

1）重力

由于重力方向是沿对称轴 z 轴的负方向，设单元的体积力 $\boldsymbol{b}^{\mathrm{e}} = \begin{bmatrix} g_r & g_z \end{bmatrix}^{\mathrm{T}} = \begin{bmatrix} 0 & -g \end{bmatrix}^{\mathrm{T}}$，则等效力节点载荷向量为

$$\boldsymbol{F}_b^e = \int_V \boldsymbol{N}^{\mathrm{T}} \boldsymbol{b}^e \mathrm{d}V = 2\pi \iint_A \boldsymbol{N}^{\mathrm{T}} \boldsymbol{b}^e r \mathrm{d}r \mathrm{d}z$$

$$= \begin{bmatrix} F_{1r} \\ F_{1z} \\ F_{2r} \\ F_{2z} \\ F_{3r} \\ F_{3z} \end{bmatrix} = 2\pi \iint_A \begin{bmatrix} N_1 & 0 \\ 0 & N_1 \\ N_2 & 0 \\ 0 & N_2 \\ N_3 & 0 \\ 0 & N_3 \end{bmatrix} \begin{bmatrix} 0 \\ -g \end{bmatrix} r \mathrm{d}r \mathrm{d}z = -2\pi g \begin{bmatrix} 0 \\ \iint_A N_1 r \mathrm{d}r \mathrm{d}z \\ 0 \\ \iint_A N_2 r \mathrm{d}r \mathrm{d}z \\ 0 \\ \iint_A N_3 r \mathrm{d}r \mathrm{d}z \end{bmatrix} \tag{5-27}$$

其中，节点 $i(i = 1, 2, 3)$ 对应的等效重力节点载荷分量为

$$\boldsymbol{F}_i^e = \begin{bmatrix} F_{ir} \\ F_{iz} \end{bmatrix} = -2\pi g \iint_A \begin{bmatrix} 0 \\ 1 \end{bmatrix} r \mathrm{d}r \mathrm{d}z \tag{5-28}$$

将圆柱坐标系与面积坐标建立关系，并令 $N_i = L_i(i = 1, 2, 3)$，则采用面积坐标方式表示变量 r，z 为

$$\begin{cases} r = r_1 L_1 + r_2 L_2 + r_3 L_3 \\ z = z_1 L_1 + z_2 L_2 + z_3 L_3 \end{cases} \tag{5-29}$$

式中，L_1、L_2、L_3 为面积的坐标值。

将式(5-29)代入式(5-28)中，有

$$\boldsymbol{F}_i^e = \begin{bmatrix} F_{ir} \\ F_{iz} \end{bmatrix} = -2\pi g \iint_A \begin{bmatrix} 0 \\ 1 \end{bmatrix} (r_1 L_1 + r_2 L_2 + r_3 L_3) \mathrm{d}r \mathrm{d}z$$

$$= -2\pi g \iint_A \begin{bmatrix} 0 \\ 1 \end{bmatrix} (r_1 N_1 + r_2 N_2 + r_3 N_3) \mathrm{d}r \mathrm{d}z \tag{5-30}$$

其中，

$$\boldsymbol{F}_1^e = -2\pi g \iint_A (r_1 N_1^2 + r_2 N_1 N_2 + r_3 N_1 N_3) \begin{bmatrix} 0 \\ 1 \end{bmatrix} \mathrm{d}r \mathrm{d}z = -2\pi g \cdot \frac{A}{12} (2r_1 + r_2 + r_3) \begin{bmatrix} 0 \\ 1 \end{bmatrix}$$

$$= -\frac{\pi g A}{6} (2r_1 + r_2 + r_3) \begin{bmatrix} 0 \\ 1 \end{bmatrix}$$

$$\boldsymbol{F}_2^e = -2\pi g \iint_A (r_1 N_1 N_2 + r_2 N_2^2 + r_3 N_2 N_3) \begin{bmatrix} 0 \\ 1 \end{bmatrix} \mathrm{d}r \mathrm{d}z = -\frac{\pi g A}{6} (r_1 + 2r_2 + r_3) \begin{bmatrix} 0 \\ 1 \end{bmatrix}$$

$$\boldsymbol{F}_3^e = -2\pi g \iint_A (r_1 N_1 N_3 + r_2 N_2 N_3 + r_3 N_3^2) \begin{bmatrix} 0 \\ 1 \end{bmatrix} \mathrm{d}r \mathrm{d}z = -\frac{\pi g A}{6} (r_1 + r_2 + 2r_3) \begin{bmatrix} 0 \\ 1 \end{bmatrix}$$

则重力的等效力节点载荷向量表示为

$$\boldsymbol{F}_b^e = -2\pi g \begin{bmatrix} 0 \\ \iint_A N_1 r \mathrm{d}r \mathrm{d}z \\ 0 \\ \iint_A N_2 r \mathrm{d}r \mathrm{d}z \\ 0 \\ \iint_A N_3 r \mathrm{d}r \mathrm{d}z \end{bmatrix} = -\frac{\pi g A}{6} \begin{bmatrix} 0 \\ 2r_1 + r_2 + r_3 \\ 0 \\ r_1 + 2r_2 + r_3 \\ 0 \\ r_1 + r_2 + 2r_3 \end{bmatrix} \tag{5-31}$$

2）惯性力

当体积力是绕对称轴 z 轴匀速旋转的惯性力时，即产生了离心力，设材料的密度为 ρ，绕 z 轴旋转的角速度为 ω，单元节点载荷所在圆周半径为 r，则单元的体积力为 $\boldsymbol{b}^e = \begin{bmatrix} \rho r \omega^2 & 0 \end{bmatrix}^T$，等效节点载荷向量为

$$\boldsymbol{F}_b^e = \int_V \boldsymbol{N}^T \boldsymbol{b}^e \mathrm{d}V = 2\pi \iint_A \boldsymbol{N}^T \boldsymbol{b}^e r \mathrm{d}r \mathrm{d}z$$

$$= 2\pi \iint_A \begin{bmatrix} N_1 & 0 \\ 0 & N_1 \\ N_2 & 0 \\ 0 & N_2 \\ N_3 & 0 \\ 0 & N_3 \end{bmatrix} \begin{bmatrix} \rho r \omega^2 \\ 0 \end{bmatrix} r \mathrm{d}r \mathrm{d}z = 2\pi \rho \omega^2 \begin{bmatrix} \iint_A N_1 r^2 \mathrm{d}r \mathrm{d}z \\ 0 \\ \iint_A N_2 r^2 \mathrm{d}r \mathrm{d}z \\ 0 \\ \iint_A N_3 r^2 \mathrm{d}r \mathrm{d}z \\ 0 \end{bmatrix} \tag{5-32}$$

为了简化计算，可近似地将单元的重力和惯性力平均分配到三角形单元的 3 个节点上，具体步骤略。

3. 面力载荷的等效节点载荷

假设单元上作用有面力 $\overline{\boldsymbol{P}}^e = \begin{bmatrix} \overline{P}_r & \overline{P}_z \end{bmatrix}^T$，$\overline{\boldsymbol{P}}^e$ 为垂直作用于单元边界上的均布载荷，如作用于长为 l 的边界 1-3 上，如图 5-3 所示，轴对称问题的面力载荷的等效节点载荷向量为

$$\boldsymbol{F}_{\overline{P}}^e = \begin{bmatrix} F_{1r} & F_{1z} & F_{2r} & F_{2z} & F_{3r} & F_{3z} \end{bmatrix}^T$$

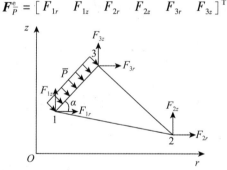

图 5-3　单元分布面力

根据虚功原理，有

$$\boldsymbol{F}_{\overline{P}}^e = 2\pi \int_l \boldsymbol{N}^T \overline{\boldsymbol{P}}^e r \mathrm{d}l = 2\pi \int_l \begin{bmatrix} N_1 & 0 \\ 0 & N_1 \\ N_2 & 0 \\ 0 & N_2 \\ N_3 & 0 \\ 0 & N_3 \end{bmatrix} \begin{bmatrix} \overline{P}_r \\ \overline{P}_z \end{bmatrix} r \mathrm{d}l \tag{5-33}$$

设边界 1-3 和坐标轴 r 的方向夹角为 α，则面力 $\overline{\boldsymbol{P}}^e$ 的分量为

$$\overline{\boldsymbol{P}}^{\mathrm{e}} = \begin{bmatrix} \overline{P}_r \\ \overline{P}_z \end{bmatrix} = \begin{bmatrix} \overline{P}\sin\alpha \\ -\overline{P}\cos\alpha \end{bmatrix} = \frac{\overline{P}}{l} \begin{bmatrix} z_3 - z_1 \\ r_1 - r_3 \end{bmatrix}$$

则轴对称问题的面力载荷的等效节点载荷为

$$\boldsymbol{F}_{\overline{P}}^{\mathrm{e}} = 2\pi \int_l \boldsymbol{N}^{\mathrm{T}} \overline{\boldsymbol{P}}^{\mathrm{e}} r \mathrm{d}l = 2\pi \int_l \frac{\overline{P}}{l} \begin{bmatrix} N_1 & 0 \\ 0 & N_1 \\ N_2 & 0 \\ 0 & N_2 \\ N_3 & 0 \\ 0 & N_3 \end{bmatrix} \begin{bmatrix} z_3 - z_1 \\ r_1 - r_3 \end{bmatrix} r \mathrm{d}l$$

采用面积坐标方式表示变量 r 为

$$r = r_1 L_1 + r_2 L_2 + r_3 L_3 = r_1 N_1 + r_2 N_2 + r_3 N_3$$

由于均布面力载荷 $\overline{\boldsymbol{P}}^{\mathrm{e}}$ 作用在边界 1-3 上，即 $N_2 = 0$，则有

$$r = r_1 N_1 + r_3 N_3 = r_1 L_1 + r_3 L_3$$

节点 $i(i = 1, 2, 3)$ 对应面力的等效节点载荷分量为

$$\boldsymbol{F}_{i\overline{P}}^{\mathrm{e}} = \begin{bmatrix} \overline{P}_{ir} \\ \overline{P}_{iz} \end{bmatrix} = 2\pi \int_l N_i \frac{\overline{P}}{l} \begin{bmatrix} z_3 - z_1 \\ r_1 - r_3 \end{bmatrix} r \mathrm{d}l = 2\pi \int_l N_i \frac{\overline{P}}{l} \begin{bmatrix} z_3 - z_1 \\ r_1 - r_3 \end{bmatrix} (r_1 N_1 + r_3 N_3) \mathrm{d}l$$

其中，

$$\boldsymbol{F}_{1\overline{P}}^{\mathrm{e}} = 2\pi \int_l \frac{\overline{P}}{l} \begin{bmatrix} z_3 - z_1 \\ r_1 - r_3 \end{bmatrix} (r_1 N_1^2 + r_3 N_1 N_3) \mathrm{d}l = \frac{\pi \overline{P}}{6} (2r_1 + r_3) \begin{bmatrix} z_3 - z_1 \\ r_1 - r_3 \end{bmatrix}$$

$$\boldsymbol{F}_{3\overline{P}}^{\mathrm{e}} = 2\pi \int_l \frac{\overline{P}}{l} \begin{bmatrix} z_3 - z_1 \\ r_1 - r_3 \end{bmatrix} (r_1 N_1 N_3 + r_3 N_3^2) \mathrm{d}l = \frac{\pi \overline{P}}{6} (r_1 + 2r_3) \begin{bmatrix} z_3 - z_1 \\ r_1 - r_3 \end{bmatrix}$$

可推导出均布面力载荷的等效节点载荷为

$$\boldsymbol{F}_{\overline{P}}^{\mathrm{e}} = \begin{bmatrix} \boldsymbol{F}_{1\overline{P}}^{\mathrm{e}} \\ \boldsymbol{F}_{2\overline{P}}^{\mathrm{e}} \\ \boldsymbol{F}_{3\overline{P}}^{\mathrm{e}} \end{bmatrix} = \frac{\pi \overline{P}}{6} \begin{bmatrix} (2r_1 + r_3)(z_3 - z_1) \\ (2r_1 + r_3)(r_3 - r_1) \\ 0 \\ 0 \\ (r_1 + 2r_3)(z_3 - z_1) \\ (r_1 + 2r_3)(r_3 - r_1) \end{bmatrix}$$

习 题

5-1 说明用有限元方法分析平面问题和轴对称问题的区别和联系。

5-2 对于轴对称问题而言，其位移分量有几个？都是什么方向的位移分量？

5-3 试构造 4 节点矩形轴对称单元的位移函数，并与 4 节点矩形平面单元的位移函数进行对比，观察有何区别和联系。

第6章
杆系问题的有限元方法

6.1 引　言

在工程中杆系结构是常见的结构类型，如桥梁、体育馆、大跨度厂房、屋架等的结构。在杆系结构中，若杆件只受延杆轴线方向的拉力或压力，在各杆件间以铰节点连接构成杆系，则这类杆件称为杆。通常，杆系问题中的桁架结构可看成杆结构进行讨论。若杆件除了受到杆轴线上的压力，还受到剪力和弯矩作用，在各杆件间以刚节点连接构成杆系，则这类杆件称为梁。通常，杆系问题中的刚架结构可看成梁结构进行讨论。根据实际工程问题，杆系问题可简化为平面杆（梁）结构、空间杆（梁）结构等类型。本章以平面杆单元和平面梁单元为主介绍杆系问题的有限元分析过程。

6.2 平面杆单元

如图6-1所示，一个平面桁架结构由几个简单的杆组成，每个杆即可看成一个杆单元。

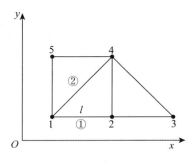

图6-1　平面桁架结构

情况1：对于杆单元①而言，杆长为 l，由节点1和2组成且节点位移都只有 x 轴方向位移（轴向位移），分别设为 u_1、u_2。这类杆单元在分析时可在局部坐标系下完成，因此为一维杆单元。

对于单元①，其节点位移为 $\boldsymbol{q}^{\mathrm{e}} = \begin{bmatrix} u_1 & u_2 \end{bmatrix}^{\mathrm{T}}$，节点力为 $\boldsymbol{P}^{\mathrm{e}} = \begin{bmatrix} P_1 & P_2 \end{bmatrix}^{\mathrm{T}}$。

▶▶▍6.2.1　单元位移函数和形函数 ▶▶▶▶

设单元①内任一点坐标为 $(x, 0)$，位移为 u，则可取位移是坐标的线性函数为

$$u = a_1 + a_2 x \tag{6-1}$$

对应节点 1 和 2 的位移，有

$$\begin{cases} u_1 = a_1 + a_2 x_1 \\ u_2 = a_1 + a_2 x_2 \end{cases} \tag{6-2}$$

由上式求出系数 a_1、a_2，再代入式(6-1)，有

$$u = \frac{x_2 - x}{l} u_1 - \frac{x_1 - x}{l} u_2 \tag{6-3}$$

写成矩阵形式为

$$\boldsymbol{q} = \boldsymbol{u} = \boldsymbol{N}\boldsymbol{q}^{\mathrm{e}} = \begin{bmatrix} N_1 & N_2 \end{bmatrix} \begin{bmatrix} u_1 \\ u_2 \end{bmatrix} = \begin{bmatrix} \dfrac{x_2 - x}{l} & -\dfrac{x_1 - x}{l} \end{bmatrix} \begin{bmatrix} u_1 \\ u_2 \end{bmatrix} \tag{6-4}$$

式中，$\boldsymbol{N} = \begin{bmatrix} N_1 & N_2 \end{bmatrix}$ 为形函数；l 为杆单元长度。

▶▶▍6.2.2　单元应变矩阵和单元应力矩阵 ▶▶▶▶

由于杆单元①只有 x 轴方向位移，则应变为

$$\boldsymbol{\varepsilon} = \frac{\mathrm{d}\boldsymbol{u}}{\mathrm{d}x}$$

将式(6-4)代入上式，有

$$\boldsymbol{\varepsilon} = \frac{\mathrm{d}\boldsymbol{u}}{\mathrm{d}x} = \begin{bmatrix} \dfrac{\mathrm{d}N_1}{\mathrm{d}x} & \dfrac{\mathrm{d}N_2}{\mathrm{d}x} \end{bmatrix} \begin{bmatrix} u_1 \\ u_2 \end{bmatrix} = \boldsymbol{B}\boldsymbol{q}^{\mathrm{e}}$$

式中，$\boldsymbol{B} = \dfrac{1}{l} \begin{bmatrix} -1 & 1 \end{bmatrix}$ 为单元应变矩阵，且为常数矩阵。

单元①的应力为

$$\boldsymbol{\sigma} = \boldsymbol{D}\boldsymbol{\varepsilon} = \boldsymbol{D}\boldsymbol{B}\boldsymbol{q}^{\mathrm{e}} = \boldsymbol{S}\boldsymbol{q}^{\mathrm{e}}$$

式中，杆单元的弹性系数矩阵 $\boldsymbol{D} = E$；$\boldsymbol{S} = \boldsymbol{D}\boldsymbol{B} = \dfrac{E}{l} \begin{bmatrix} -1 & 1 \end{bmatrix}$ 为单元应力矩阵，亦为常数矩阵。

▶▶▍6.2.3　单元刚度矩阵 ▶▶▶

这里，杠单元的单元刚度矩阵 $\boldsymbol{K}^{\mathrm{e}}$ 的表达形式与平面问题的 $\boldsymbol{K}^{\mathrm{e}}$ 类似(推导过程略)，即

$$\boldsymbol{K}^{\mathrm{e}} = \int_V \boldsymbol{B}^{\mathrm{T}}\boldsymbol{D}\boldsymbol{B}\mathrm{d}V$$

式中，$\mathrm{d}V = A\mathrm{d}x$。

则有

$$\boldsymbol{K}^{\mathrm{e}} = A\int_{x_1}^{x_2} \boldsymbol{B}^{\mathrm{T}}E\boldsymbol{B}\mathrm{d}x = \frac{EA}{l} \begin{bmatrix} 1 & -1 \\ -1 & 1 \end{bmatrix}$$

可见，单元刚度矩阵为常数矩阵，且由弹性模量 E、截面面积 A 和杆单元长 l 的值决定。

单元刚度方程表示为

$$\boldsymbol{K}^{\mathrm{e}} \boldsymbol{q}^{\mathrm{e}} = \boldsymbol{P}^{\mathrm{e}}$$

$$\frac{EA}{l}\begin{bmatrix} 1 & -1 \\ -1 & 1 \end{bmatrix}\begin{bmatrix} u_1 \\ u_2 \end{bmatrix} = \begin{bmatrix} P_1 \\ P_2 \end{bmatrix}$$

情况 2：对于杆轴线是任意方向的情况，如图 6-1 中的杆单元②，杆长设为 L，由节点 1 和 4 组成，每个节点位移方向是任意的，均由 u 和 v 两个方向的位移分量组成，即为平面杆单元。

这时，需要将原来用于描述单元节点单方向位移的局部坐标系 $O'x'y'$，经过坐标变换等价到整体坐标系 Oxy 中，如图 6-2 所示。坐标变换的目的是将所有单元的坐标统一在整体坐标系中实现单元的集成。

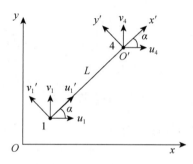

图 6-2　平面杆单元的坐标变换

假设整体坐标系和局部坐标系间的夹角为 α。

单元②中节点在局部坐标系下的位移和节点力分别为

$$\boldsymbol{q}'^{\mathrm{e}} = \begin{bmatrix} u_1' & v_1' & u_4' & v_4' \end{bmatrix}^{\mathrm{T}}$$

$$\boldsymbol{P}'^{\mathrm{e}} = \begin{bmatrix} P_{1x}' & P_{1y}' & P_{4x}' & P_{4y}' \end{bmatrix}^{\mathrm{T}}$$

此时，单元②中的节点位移和节点力情况等同于单元①的情况，在局部坐标系 $O'x'y'$ 中只有沿轴向的位移。而单元①和单元②的局部坐标系不相同，因此需要将各单元信息整合到统一的整体坐标系后再进行信息的集成处理。

若节点在整体坐标系下的位移和节点力分别为

$$\boldsymbol{q}^{\mathrm{e}} = \begin{bmatrix} u_1 & v_1 & u_4 & v_4 \end{bmatrix}^{\mathrm{T}}$$

$$\boldsymbol{P}^{\mathrm{e}} = \begin{bmatrix} P_{1x} & P_{1y} & P_{4x} & P_{4y} \end{bmatrix}^{\mathrm{T}}$$

则单元②在局部坐标系下的位移 $\boldsymbol{q}'^{\mathrm{e}}$ 与整体坐标系下的位移 $\boldsymbol{q}^{\mathrm{e}}$ 间存在如下关系：

$$\begin{cases} u_1' = u_1\cos\alpha + v_1\sin\alpha \\ v_1' = -u_1\sin\alpha + v_1\cos\alpha \\ u_4' = u_4\cos\alpha + v_4\sin\alpha \\ v_4' = -u_4\sin\alpha + v_4\cos\alpha \end{cases}$$

写成矩阵形式为

$$\begin{bmatrix} u'_1 \\ v'_1 \\ u'_4 \\ v'_4 \end{bmatrix} = \begin{bmatrix} \cos\alpha & \sin\alpha & 0 & 0 \\ -\sin\alpha & \cos\alpha & 0 & 0 \\ 0 & 0 & \cos\alpha & \sin\alpha \\ 0 & 0 & -\sin\alpha & \cos\alpha \end{bmatrix} \begin{bmatrix} u_1 \\ v_1 \\ u_4 \\ v_4 \end{bmatrix}$$

即

$$\boldsymbol{q}'^e = \boldsymbol{T}^e \boldsymbol{q}^e \tag{6-5}$$

同理可得

$$\boldsymbol{P}'^e = \boldsymbol{T}^e \boldsymbol{P}^e \tag{6-6}$$

式中，$\boldsymbol{T}^e = \begin{bmatrix} \cos\alpha & \sin\alpha & 0 & 0 \\ -\sin\alpha & \cos\alpha & 0 & 0 \\ 0 & 0 & \cos\alpha & \sin\alpha \\ 0 & 0 & -\sin\alpha & \cos\alpha \end{bmatrix}$ 为坐标变换矩阵。

结合前文情况 1 中讨论一维杆单元的分析过程，平面杆单元在局部坐标系下满足单元刚度方程：

$$\boldsymbol{K}'^e \boldsymbol{q}'^e = \boldsymbol{P}'^e$$

在平面杆单元中，将对应的单元刚度矩阵扩展为

$$\boldsymbol{K}'^e = \frac{EA}{L} \begin{bmatrix} 1 & 0 & -1 & 0 \\ 0 & 0 & 0 & 0 \\ -1 & 0 & 1 & 0 \\ 0 & 0 & 0 & 0 \end{bmatrix}$$

将式(6-5)和式(6-6)代入上式，有

$$\boldsymbol{K}'^e (\boldsymbol{T}^e \boldsymbol{q}^e) = \boldsymbol{P}'^e$$

上式方程两边同乘以 $(\boldsymbol{T}^e)^{\mathrm{T}}$，有

$$(\boldsymbol{T}^e)^{\mathrm{T}} \boldsymbol{K}'^e \boldsymbol{T}^e \boldsymbol{q}^e = (\boldsymbol{T}^e)^{\mathrm{T}} \boldsymbol{P}'^e$$

整理得整体坐标系下的单元刚度方程为

$$\boldsymbol{K}^e \boldsymbol{q}^e = \boldsymbol{P}^e$$

式中，$\boldsymbol{K}^e = (\boldsymbol{T}^e)^{\mathrm{T}} \boldsymbol{K}'^e \boldsymbol{T}^e$；$\boldsymbol{P}^e = (\boldsymbol{T}^e)^{\mathrm{T}} \boldsymbol{P}'^e$。

因此，整体坐标系下的单元刚度矩阵为

$$\boldsymbol{K}^e = \frac{EA}{L} \begin{bmatrix} \cos^2\alpha & \sin\alpha\cos\alpha & -\cos^2\alpha & -\sin\alpha\cos\alpha \\ \sin\alpha\cos\alpha & \sin^2\alpha & -\sin\alpha\cos\alpha & -\sin^2\alpha \\ -\cos^2\alpha & -\sin\alpha\cos\alpha & \cos^2\alpha & \sin\alpha\cos\alpha \\ -\sin\alpha\cos\alpha & -\sin^2\alpha & \sin\alpha\cos\alpha & \sin^2\alpha \end{bmatrix}$$

由此可知，平面杆单元的单元刚度矩阵为 4×4 阶矩阵，且为常数矩阵。对各单元刚度矩阵进行集成后，即可得到基于 4×4 阶的整体刚度矩阵框架结构。

例 6-1　如图 6-3 所示，平面桁架结构的集中力作用在端点处为 $F = 200$ N，结构中各杆件的截面面积、弹性模量等参数均相等，$A = 1$ cm^2，$E = 2 \times 10^{11}$ N/cm^2。试求解该结构的整体刚度矩阵。

解：将平面桁架结构进行离散化处理，分成 3 个杆单元和 3 个节点，如图 6-4 所示。

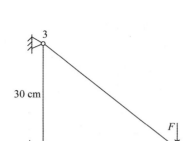

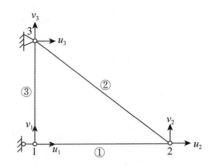

图6-3　平面桁架结构受力图　　　　图6-4　结构离散成杆单元

将整体坐标系下的单元刚度矩阵公式分别代入单元①~③中，有

单元①：

$$\frac{EA}{l} = \frac{2 \times 10^6 \times 1}{40} \text{ N/cm} = 5 \times 10^4 \text{ N/cm}, \quad \alpha = 0°$$

$$\boldsymbol{K}^e_{(1)} = 5 \times 10^4 \times \begin{bmatrix} 1 & 0 & -1 & 0 \\ 0 & 0 & 0 & 0 \\ -1 & 0 & 1 & 0 \\ 0 & 0 & 0 & 0 \end{bmatrix} \begin{matrix} \leftarrow u_1 \\ \leftarrow v_1 \\ \leftarrow u_2 \\ \leftarrow v_2 \end{matrix}$$

单元②：

$$\frac{EA}{l} = \frac{2 \times 10^6 \times 1}{50} \text{ N/cm} = 4 \times 10^4 \text{ N/cm}, \quad \alpha = \arccos\left(-\frac{4}{5}\right)$$

$$\boldsymbol{K}^e_{(2)} = 4 \times 10^4 \times \begin{bmatrix} 0.64 & -0.48 & -0.64 & 0.48 \\ -0.48 & 0.36 & 0.48 & -0.36 \\ -0.64 & 0.48 & 0.64 & -0.48 \\ 0.48 & -0.36 & -0.48 & 0.36 \end{bmatrix} \begin{matrix} \leftarrow u_2 \\ \leftarrow v_2 \\ \leftarrow u_3 \\ \leftarrow v_3 \end{matrix}$$

单元③：

$$\frac{EA}{l} = \frac{2 \times 10^6 \times 1}{30} \text{ N/cm} = \frac{2}{3} \times 10^5 \text{ N/cm}, \quad \alpha = -90°$$

$$\boldsymbol{K}^e_{(3)} = \frac{2}{3} \times 10^5 \times \begin{bmatrix} 0 & 0 & 0 & 0 \\ 0 & 1 & 0 & -1 \\ 0 & 0 & 0 & 0 \\ 0 & -1 & 0 & 1 \end{bmatrix} \begin{matrix} \leftarrow u_3 \\ \leftarrow v_3 \\ \leftarrow u_1 \\ \leftarrow v_1 \end{matrix}$$

将各单元的单元刚度矩阵中节点编号重新整理，叠加到整体刚度矩阵中有

$$\boldsymbol{K}^e = 10^4 \times \begin{bmatrix} 5 & 0 & -5 & 0 & 0 & 0 \\ 0 & 6.67 & 0 & 0 & 0 & -6.67 \\ -5 & 0 & 7.56 & -1.92 & -2.56 & 1.92 \\ 0 & 0 & -1.92 & 1.44 & 1.92 & -1.44 \\ 0 & 0 & 2.56 & 1.92 & 2.56 & -1.92 \\ 0 & -6.67 & 1.92 & -1.44 & -1.92 & 8.11 \end{bmatrix}$$

 ## 6.3 平面梁单元

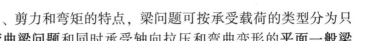

基于梁结构能够承受拉压力、剪力和弯矩的特点，梁问题可按承受载荷的类型分为只承受剪力和弯矩作用的**平面纯弯曲梁问题**和同时承受轴向拉压和弯曲变形的**平面一般梁问题**。

▶▶▶ 6.3.1 平面纯弯曲梁问题 ▶▶▶ ▶

情况1：梁单元轴线与 x 轴方向一致。如图 6-5 所示，平面刚架结构由多个梁单元组成，以梁单元②为例，设长为 l，截面积为 A，弹性模量为 E，截面惯性矩为 I。梁单元②在局部坐标系 Oxy 上建立，其有两个节点（节点 2 和 3），共 6 个自由度。

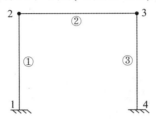

图 6-5 平面刚架结构

若梁单元②受到图 6-6 所示的剪力和弯矩作用，则其问题为平面纯弯曲梁问题，对应单元的节点位移和节点力分别为

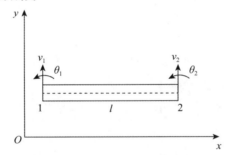

图 6-6 与坐标轴方向重合的平面纯弯曲梁问题

单元②的节点位移为

$$\boldsymbol{q}^e = \begin{bmatrix} v_1 & \theta_1 & v_2 & \theta_2 \end{bmatrix}^T$$

单元②的节点力为

$$\boldsymbol{P}^e = \begin{bmatrix} P_{1y} & M_1 & P_{2y} & M_2 \end{bmatrix}^T$$

式中，θ_1、θ_2 为绕 z 轴的转角；M_1、M_2 为绕 z 轴的弯矩。

1. 单元位移函数

与杆单元分析过程相似，设梁单元②内任一点坐标为 $(x, 0, 0)$，由于纯弯曲梁中忽略拉压力（即 $u = 0$），只有位移 v 是独立的，因此该单元的单元位移函数为

$$v = a_1 + a_2 x + a_3 x^2 + a_4 x^3$$

式中，a_1、a_2、a_3、a_4 为待定系数。

由节点条件知，当 $x = x_1$ 时，有 $v = v_1$、$\theta = \theta_1$；当 $x = x_2$ 时，有 $v = v_2$、$\theta = \theta_2$。

将上述节点条件代入单元位移函数，可求得待定系数，即

$$\begin{cases} a_1 = v_1 \\ a_2 = \theta_1 \\ a_3 = \dfrac{1}{l^2}(-3v_1 - 2\theta_1 l + 3v_2 - \theta_2 l) \\ a_4 = \dfrac{1}{l^3}(2v_1 + \theta_1 l - 2v_2 + \theta_2 l) \end{cases}$$

将待定系数再代入位移函数中，有

$$v = v_1 + \theta_1 x + \frac{(-3v_1 - 2\theta_1 l + 3v_2 - \theta_2 l)}{l^2}x^2 + \frac{(2v_1 + \theta_1 l - 2v_2 + \theta_2 l)}{l^3}x^3$$

$$= \left(1 - \frac{3x^2}{l^2} + \frac{2x^3}{l^3}\right)v_1 + \left(x - \frac{2x^2}{l} + \frac{x^3}{l^2}\right)\theta_1 + \left(\frac{3x^2}{l^2} - \frac{2x^3}{l^3}\right)v_2 + \left(-\frac{x^2}{l} + \frac{x^3}{l^2}\right)\theta_2$$

进一步将位移函数写成矩阵形式为

$$\boldsymbol{q} = v = \begin{bmatrix} 1 - \dfrac{3x^2}{l^2} + \dfrac{2x^3}{l^3} \\ x - \dfrac{2x^2}{l} + \dfrac{x^3}{l^2} \\ \dfrac{3x^2}{l^2} - \dfrac{2x^3}{l^3} \\ -\dfrac{x^2}{l} + \dfrac{x^3}{l^2} \end{bmatrix}^{\mathrm{T}} \begin{bmatrix} v_1 \\ \theta_1 \\ v_2 \\ \theta_2 \end{bmatrix} = \begin{bmatrix} N_1 & N_2 & N_3 & N_4 \end{bmatrix} \begin{bmatrix} v_1 \\ \theta_1 \\ v_2 \\ \theta_2 \end{bmatrix} = \boldsymbol{N}\boldsymbol{q}^{\mathrm{e}}$$

式中，$\boldsymbol{N} = \begin{bmatrix} N_1 & N_2 & N_3 & N_4 \end{bmatrix}$ 为形函数矩阵。

2. 单元应变矩阵和单元应力矩阵

对于平面纯弯梁，梁单元的应变为

$$\boldsymbol{\varepsilon} = \varepsilon_b = -y\frac{\mathrm{d}^2 V}{\mathrm{d}x^2} = \begin{bmatrix} -y\dfrac{\mathrm{d}^2 N_1}{\mathrm{d}x^2} & -y\dfrac{\mathrm{d}^2 N_2}{\mathrm{d}x^2} & -y\dfrac{\mathrm{d}^2 N_3}{\mathrm{d}x^2} & -y\dfrac{\mathrm{d}^2 N_4}{\mathrm{d}x^2} \end{bmatrix} \begin{bmatrix} v_1 \\ \theta_1 \\ v_2 \\ \theta_2 \end{bmatrix}$$

$$= \begin{bmatrix} \dfrac{y(6l - 12x)}{l^3} \\ \dfrac{y(4l - 6x)}{l^2} \\ \dfrac{y(-6l + 12x)}{l^3} \\ \dfrac{y(2l - 6x)}{l^2} \end{bmatrix}^{\mathrm{T}} \begin{bmatrix} v_1 \\ \theta_1 \\ v_2 \\ \theta_2 \end{bmatrix} = \begin{bmatrix} B_1 & B_2 & B_3 & B_4 \end{bmatrix} \begin{bmatrix} v_1 \\ \theta_1 \\ v_2 \\ \theta_2 \end{bmatrix} = \boldsymbol{B}\boldsymbol{q}^{\mathrm{e}}$$

式中，$\boldsymbol{B} = \begin{bmatrix} B_1 & B_2 & B_3 & B_4 \end{bmatrix}$ 为单元应变矩阵。

梁单元的应力为 $\boldsymbol{\sigma} = \boldsymbol{D\varepsilon} = \boldsymbol{DBq}^{e} = \boldsymbol{Sq}^{e}$，则 $\boldsymbol{S} = \boldsymbol{DB}$ 为单元应力矩阵。

3. 单元刚度矩阵

梁单元刚度矩阵 $\boldsymbol{K}^{e}$ 的推导过程与平面问题类似，由虚功原理导出，即

$$\boldsymbol{K}^{e} = \int_{V} \boldsymbol{B}^{\mathrm{T}} \boldsymbol{D} \boldsymbol{B} \mathrm{d}V$$

其中，梁单元中弹性系数矩阵 $\boldsymbol{D} = E$，$\mathrm{d}V = \mathrm{d}A\mathrm{d}x$，将梁单元的单元应变矩阵和单元应力矩阵代入上式，经计算可得到单元刚度矩阵为

$$\boldsymbol{K}^{e} = \int_{V} \boldsymbol{B}^{\mathrm{T}} \boldsymbol{D} \boldsymbol{B} \mathrm{d}V = \int_{0}^{l} \iint_{A} E\boldsymbol{B}^{\mathrm{T}}\boldsymbol{B} \mathrm{d}A\mathrm{d}x$$

$$= \iint_{A} y^{2} \mathrm{d}A \int_{0}^{l} E \begin{bmatrix} \dfrac{(6l-12x)}{l^{3}} \\[2mm] \dfrac{(4l-6x)}{l^{2}} \\[2mm] \dfrac{(-6l+12x)}{l^{3}} \\[2mm] \dfrac{(2l-6x)}{l^{2}} \end{bmatrix} \begin{bmatrix} \dfrac{(6l-12x)}{l^{3}} \\[2mm] \dfrac{(4l-6x)}{l^{2}} \\[2mm] \dfrac{(-6l+12x)}{l^{3}} \\[2mm] \dfrac{(2l-6x)}{l^{2}} \end{bmatrix}^{\mathrm{T}} \mathrm{d}x = \begin{bmatrix} \dfrac{12EI}{l^{3}} & \dfrac{6EI}{l^{2}} & -\dfrac{12EI}{l^{3}} & \dfrac{6EI}{l^{2}} \\[2mm] \dfrac{6EI}{l^{2}} & \dfrac{4EI}{l} & -\dfrac{6EI}{l^{2}} & \dfrac{2EI}{l} \\[2mm] -\dfrac{12EI}{l^{3}} & -\dfrac{6EI}{l^{2}} & \dfrac{12EI}{l^{3}} & -\dfrac{6EI}{l^{2}} \\[2mm] \dfrac{6EI}{l^{2}} & \dfrac{2EI}{l} & -\dfrac{6EI}{l^{2}} & \dfrac{4EI}{l} \end{bmatrix}$$

式中，$I = \iint_{A} y^{2}\mathrm{d}A$ 为截面的惯性矩。

则单元刚度方程为 $\boldsymbol{K}^{e}\boldsymbol{q}^{e} = \boldsymbol{P}^{e}$，即

$$\begin{bmatrix} \dfrac{12EI}{l^{3}} & \dfrac{6EI}{l^{2}} & -\dfrac{12EI}{l^{3}} & \dfrac{6EI}{l^{2}} \\[2mm] \dfrac{6EI}{l^{2}} & \dfrac{4EI}{l} & -\dfrac{6EI}{l^{2}} & \dfrac{2EI}{l} \\[2mm] -\dfrac{12EI}{l^{3}} & -\dfrac{6EI}{l^{2}} & \dfrac{12EI}{l^{3}} & -\dfrac{6EI}{l^{2}} \\[2mm] \dfrac{6EI}{l^{2}} & \dfrac{2EI}{l} & -\dfrac{6EI}{l^{2}} & \dfrac{4EI}{l} \end{bmatrix} \begin{bmatrix} v_{1} \\ \theta_{1} \\ v_{2} \\ \theta_{2} \end{bmatrix} = \begin{bmatrix} P_{1y} \\ M_{1} \\ P_{2y} \\ M_{2} \end{bmatrix}$$

6.3.2　平面一般梁问题

若梁单元②受到图 6-7 所示轴向力、剪力和弯矩的组合作用，则其问题为平面一般梁问题，对应单元的节点位移和节点力分别为

$$\boldsymbol{q}^{e} = \begin{bmatrix} u_{1} & v_{1} & \theta_{1} & u_{2} & v_{2} & \theta_{2} \end{bmatrix}^{\mathrm{T}}$$

$$\boldsymbol{P}^{e} = \begin{bmatrix} P_{1x} & P_{1y} & M_{1} & P_{2x} & P_{2y} & M_{2} \end{bmatrix}^{\mathrm{T}}$$

式中，θ_{1}、θ_{2} 为绕 z 轴的转角；M_{1}、M_{2} 为绕 z 轴的弯矩。

1. 位移函数

设梁单元②内任一点对应在 x、y 轴方向的位移分别为 u、v，位移函数均表示为 x 的函数，即

$$u = a_{1} + a_{2}x$$

$$v = a_3 + a_4 x + a_5 x^2 + a_6 x^3$$

式中，a_1、a_2、a_3、a_4、a_5、a_6 为待定系数。

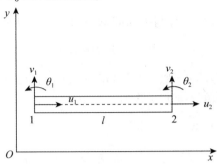

图 6-7　与坐标轴方向重合的平面一般梁问题

由节点条件知，当 $x = x_1$ 时，有 $u = u_1$、$v = v_1$、$\theta = \theta_1$；当 $x = x_2$ 时，有 $u = u_2$、$v = v_2$、$\theta = \theta_2$。

求得待定系数后，再将其代入位移函数中，有

$$u = \frac{x_2 - x}{l} u_1 - \frac{x_1 - x}{l} u_2$$

$$v = \left(1 - \frac{3x^2}{l^2} + \frac{2x^3}{l^3}\right) v_1 + \left(x - \frac{2x^2}{l} + \frac{x^3}{l^2}\right) \theta_1 + \left(\frac{3x^2}{l^2} - \frac{2x^3}{l^3}\right) v_2 + \left(-\frac{x^2}{l} + \frac{x^3}{l^2}\right) \theta_2$$

进一步将单元任一点的位移写成矩阵形式为

$$\boldsymbol{q} = \begin{bmatrix} u \\ v \end{bmatrix} = \begin{bmatrix} \dfrac{x_2 - x}{l} & 0 & 0 & -\dfrac{x_2 - x}{l} & 0 & 0 \\ 0 & 1 - \dfrac{3x^2}{l^2} + \dfrac{2x^3}{l^3} & x - \dfrac{2x^2}{l} + \dfrac{x^3}{l^2} & 0 & \dfrac{3x^2}{l^2} - \dfrac{2x^3}{l^3} & -\dfrac{x^2}{l} + \dfrac{x^3}{l^2} \end{bmatrix} \begin{bmatrix} u_1 \\ v_1 \\ \theta_1 \\ u_2 \\ v_2 \\ \theta_2 \end{bmatrix}$$

$$= \begin{bmatrix} N_1 & 0 & 0 & N_2 & 0 & 0 \\ 0 & N_3 & N_4 & 0 & N_5 & N_6 \end{bmatrix} \begin{bmatrix} u_1 \\ v_1 \\ \theta_1 \\ u_2 \\ v_2 \\ \theta_2 \end{bmatrix} = \boldsymbol{N} \boldsymbol{q}^{\mathrm{e}}$$

式中，$\boldsymbol{N} = \begin{bmatrix} N_1 & 0 & 0 & N_2 & 0 & 0 \\ 0 & N_3 & N_4 & 0 & N_5 & N_6 \end{bmatrix}$ 为形函数矩阵。

2. 单元应变矩阵和单元应力矩阵

对于平面一般梁问题，应变包括轴向应变 ε_a、横向剪应变 ε_τ 和弯曲应变 ε_b，其中当梁的高度远小于梁的长度时，即可忽略横向剪应变，则梁单元的应变表示为

$$\boldsymbol{\varepsilon} = \begin{bmatrix} \varepsilon_a \\ \varepsilon_b \end{bmatrix} = \begin{bmatrix} \dfrac{\mathrm{d}u}{\mathrm{d}x} \\ -y\dfrac{\mathrm{d}^2V}{\mathrm{d}x^2} \end{bmatrix} = \begin{bmatrix} \dfrac{\mathrm{d}N_1}{\mathrm{d}x} & 0 & 0 & \dfrac{\mathrm{d}N_2}{\mathrm{d}x} & 0 & 0 \\ 0 & -y\dfrac{\mathrm{d}^2N_3}{\mathrm{d}x^2} & -y\dfrac{\mathrm{d}^2N_4}{\mathrm{d}x^2} & 0 & -y\dfrac{\mathrm{d}^2N_5}{\mathrm{d}x^2} & -y\dfrac{\mathrm{d}^2N_6}{\mathrm{d}x^2} \end{bmatrix} \begin{bmatrix} u_1 \\ v_1 \\ \theta_1 \\ u_2 \\ v_2 \\ \theta_2 \end{bmatrix}$$

将单元②的位移函数表达式代入梁单元的应变矩阵中，有

$$\boldsymbol{\varepsilon} = \begin{bmatrix} -\dfrac{1}{l} & 0 & 0 & \dfrac{1}{l} & 0 & 0 \\ 0 & \dfrac{y(6l-12x)}{l^3} & \dfrac{y(4l-6x)}{l^2} & 0 & \dfrac{y(-6l+12x)}{l^3} & \dfrac{y(2l-6x)}{l^2} \end{bmatrix} \begin{bmatrix} u_1 \\ v_1 \\ \theta_1 \\ u_2 \\ v_2 \\ \theta_2 \end{bmatrix}$$

$$= \begin{bmatrix} B_1 & 0 & 0 & B_2 & 0 & 0 \\ 0 & B_3 & B_4 & 0 & B_5 & B_6 \end{bmatrix} \boldsymbol{q}^e = \boldsymbol{B}\boldsymbol{q}^e$$

式中，$\boldsymbol{B} = \begin{bmatrix} B_1 & 0 & 0 & B_2 & 0 & 0 \\ 0 & B_3 & B_4 & 0 & B_5 & B_6 \end{bmatrix}$ 为单元应变矩阵。

梁单元的应力为 $\boldsymbol{\sigma} = \boldsymbol{D}\boldsymbol{\varepsilon} = \boldsymbol{D}\boldsymbol{B}\boldsymbol{q}^e = \boldsymbol{S}\boldsymbol{q}^e$。

3. 单元刚度矩阵

平面一般梁的单元刚度矩阵 $\boldsymbol{K}^e$ 的推导过程与平面纯弯曲梁的类似，由虚功原理推导出，即

$$\boldsymbol{K}^e = \int_V \boldsymbol{B}^{\mathrm{T}}\boldsymbol{D}\boldsymbol{B}\mathrm{d}V = \int_0^l \iint_A E\boldsymbol{B}^{\mathrm{T}}\boldsymbol{B}\mathrm{d}A\mathrm{d}x$$

将梁单元的单元应变矩阵和单元应力矩阵代入上式，经计算可得到单元刚度矩阵为

$$\boldsymbol{K}^e = \begin{bmatrix} \dfrac{EA}{l} & 0 & 0 & -\dfrac{EA}{l} & 0 & 0 \\ 0 & \dfrac{12EI}{l^3} & \dfrac{6EI}{l^2} & 0 & -\dfrac{12EI}{l^3} & \dfrac{6EI}{l^2} \\ 0 & \dfrac{6EI}{l^2} & \dfrac{4EI}{l} & 0 & -\dfrac{6EI}{l^2} & \dfrac{2EI}{l} \\ -\dfrac{EA}{l} & 0 & 0 & \dfrac{EA}{l} & 0 & 0 \\ 0 & -\dfrac{12EI}{l^3} & -\dfrac{6EI}{l^2} & 0 & \dfrac{12EI}{l^3} & -\dfrac{6EI}{l^2} \\ 0 & \dfrac{6EI}{l^2} & \dfrac{2EI}{l} & 0 & -\dfrac{6EI}{l^2} & \dfrac{4EI}{l} \end{bmatrix}$$

当 $u_1 = u_2 = 0$（无轴向位移）时，即可对应得到平面纯弯曲梁的单元刚度矩阵为 4×4 阶矩阵

$$\boldsymbol{K}^{e} = \begin{bmatrix} \dfrac{12EI}{l^{3}} & \dfrac{6EI}{l^{2}} & -\dfrac{12EI}{l^{3}} & \dfrac{6EI}{l^{2}} \\[3mm] \dfrac{6EI}{l^{2}} & \dfrac{4EI}{l} & -\dfrac{6EI}{l^{2}} & \dfrac{2EI}{l} \\[3mm] -\dfrac{12EI}{l^{3}} & -\dfrac{6EI}{l^{2}} & \dfrac{12EI}{l^{3}} & -\dfrac{6EI}{l^{2}} \\[3mm] \dfrac{6EI}{l^{2}} & \dfrac{2EI}{l} & -\dfrac{6EI}{l^{2}} & \dfrac{4EI}{l} \end{bmatrix}$$

而由前面分析知，杆单元的单元刚度矩阵为 2×2 阶矩阵，即

$$\boldsymbol{K}^{e} = \frac{EA}{l}\begin{bmatrix} 1 & -1 \\ -1 & 1 \end{bmatrix}$$

综上所述，<u>平面一般梁单元的单元刚度矩阵可由平面纯弯曲梁单元和杆单元组装而成</u>。

情况 2：针对梁单元轴线在平面内任意位置的情况，如图 6-8 所示。梁单元分析需在整体坐标系上建立，需要通过将情况 1 中的梁单元进行从局部坐标系到整体坐标系的坐标变换来实现。

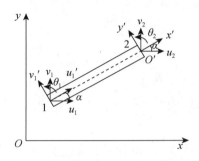

图 6-8 任意方向的平面一般梁问题

为描述方便，这里设局部坐标系为 $O'x'y'$，对应的节点在局部坐标系的位移和节点力为

$$\boldsymbol{q}'^{e} = \begin{bmatrix} u'_1 & v'_1 & \theta'_1 & u'_2 & v'_2 & \theta'_2 \end{bmatrix}^{T}$$

$$\boldsymbol{P}'^{e} = \begin{bmatrix} P'_{1x} & P'_{1y} & M'_1 & P'_{2x} & P'_{2y} & M'_2 \end{bmatrix}^{T}$$

设整体坐标系为 Oxy，对应的节点在整体坐标系的位移和节点力分别为

$$\boldsymbol{q}^{e} = \begin{bmatrix} u_1 & v_1 & \theta_1 & u_2 & v_2 & \theta_2 \end{bmatrix}^{T}$$

$$\boldsymbol{P}^{e} = \begin{bmatrix} P_{1x} & P_{1y} & M_1 & P_{2x} & P_{2y} & M_2 \end{bmatrix}^{T}$$

则局部坐标系下的位移 $\boldsymbol{q}'^{e}$ 与整体坐标系下的位移 $\boldsymbol{q}^{e}$ 间存在如下关系：

$$\begin{cases} u'_1 = u_1\cos\alpha + v_1\sin\alpha \\ v'_1 = -u_1\sin\alpha + v_1\cos\alpha \\ \theta'_1 = \theta_1 \\ u'_2 = u_2\cos\alpha + v_2\sin\alpha \\ v'_2 = -u_2\sin\alpha + v_2\cos\alpha \\ \theta'_2 = \theta_2 \end{cases}$$

写成矩阵形式为，即 $\boldsymbol{q}'^{e} = \boldsymbol{T}^{e}\boldsymbol{q}^{e}$

$$\begin{bmatrix} u'_1 \\ v'_1 \\ \theta'_1 \\ u'_2 \\ v'_2 \\ \theta'_2 \end{bmatrix} = \begin{bmatrix} \cos\alpha & \sin\alpha & 0 & 0 & 0 & 0 \\ -\sin\alpha & \cos\alpha & 0 & 0 & 0 & 0 \\ 0 & 0 & 1 & 0 & 0 & 0 \\ 0 & 0 & 0 & \cos\alpha & \sin\alpha & 0 \\ 0 & 0 & 0 & -\sin\alpha & \cos\alpha & 0 \\ 0 & 0 & 0 & 0 & 0 & 1 \end{bmatrix} \begin{bmatrix} u_1 \\ v_1 \\ \theta_1 \\ u_2 \\ v_2 \\ \theta_2 \end{bmatrix}$$

同理，$\boldsymbol{P}'^{e} = \boldsymbol{T}^{e}\boldsymbol{P}^{e}$。

式中，$\boldsymbol{T}^{e} = \begin{bmatrix} \cos\alpha & \sin\alpha & 0 & 0 & 0 & 0 \\ -\sin\alpha & \cos\alpha & 0 & 0 & 0 & 0 \\ 0 & 0 & 1 & 0 & 0 & 0 \\ 0 & 0 & 0 & \cos\alpha & \sin\alpha & 0 \\ 0 & 0 & 0 & -\sin\alpha & \cos\alpha & 0 \\ 0 & 0 & 0 & 0 & 0 & 1 \end{bmatrix}$ 为坐标变换矩阵。

与平面杆单元的坐标变换推导过程类似，平面梁单元在整体坐标系下的单元刚度方程为

$$\boldsymbol{K}^{e}\boldsymbol{q}^{e} = \boldsymbol{P}^{e}$$

其中，整体坐标系下的单元刚度矩阵可表示为

$$\boldsymbol{K}^{e} = (\boldsymbol{T}^{e})^{\mathrm{T}}\boldsymbol{K}'^{e}\boldsymbol{T}^{e}$$

整体坐标系下的单元节点力为

$$\boldsymbol{P}^{e} = (\boldsymbol{T}^{e})^{\mathrm{T}}\boldsymbol{P}'^{e}$$

例 6-2 如图 6-9 所示，平面刚架结构中集中力作用在顶端距离左端点 1.5 m 处，$F = 20$ kN，刚架结构中各杆件的长度、截面面积、弹性模量等参数均相等（$l = 2$ m，$l_1 = 1.5$ m，$E = 210$ GPa，$A = 15 \times 10^{-4}$ m^2，$I = 31.25 \times 10^{-8}$ m^4）。试用有限元方法求解各节点位移和各单元节点力。

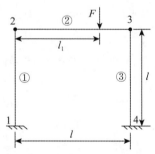

图 6-9 平面刚架结构受力图

解：（1）单元和节点描述。

对图中的刚架结构进行离散化处理，将其分成 3 个梁单元，单元的节点位移和节点力为

$$\boldsymbol{q}^{e} = \begin{bmatrix} u_1 & v_1 & \theta_1 & u_2 & v_2 & \theta_2 & u_3 & v_3 & \theta_3 & u_4 & v_4 & \theta_4 \end{bmatrix}^{\mathrm{T}}$$

$$\boldsymbol{P}^{e} = \boldsymbol{F} + \boldsymbol{R} = \begin{bmatrix} P_{1x} & P_{1y} & M_{1\theta} & P_{2x} & P_{2y} & M_{2\theta} & P_{3x} & P_{3y} & M_{3\theta} & P_{4x} & P_{4y} & M_{4\theta} \end{bmatrix}^{\mathrm{T}}$$

其中，各节点的力矩为 $M_{i\theta} = M_{if} + M_{ir}(i = 1, 2, 3, 4)$，节点 2 和 3 上没有支反力和力矩作用，即 $R_{2x} = R_{2y} = M_{2r} = R_{3x} = R_{3y} = M_{3r} = 0$，单元的集中力等效到节点 2 和节点 3 上的

节点载荷各分量为

$$F_{2x} = F_{3x} = 0$$

$$F_{2y} = -\frac{0.5^2}{2^3} \times (3 \times 1.5 + 0.5) \times 20 \times 10^3 \text{ N} = -3\ 125 \text{ N}$$

$$F_{3y} = -\frac{1.5^2}{2^3} \times (3 \times 0.5 + 1.5) \times 20 \times 10^3 \text{ N} = -16\ 875 \text{ N}$$

$$M_{2f} = -20 \times 10^3 \times 1.5 \times \frac{0.5^2}{2^2} \text{ N} \cdot \text{m} = -1\ 875 \text{ N} \cdot \text{m}$$

$$M_{3f} = 20 \times 10^3 \times 0.5 \times \frac{1.5^2}{2^2} \text{ N} \cdot \text{m} = 5\ 625 \text{ N} \cdot \text{m}$$

节点 1 和 4 上没有外部载荷，即 $F_{1x} = F_{1y} = M_{1f} = F_{4x} = F_{4y} = M_{4f} = 0$，支反力载荷各分量为 R_{1x}、R_{1y}、M_{1r}、R_{4x}、R_{4y}、M_{4r}。

因此，节点力可表示为

$$\boldsymbol{P}^e = \begin{bmatrix} P_{1x} & P_{1y} & M_{1\theta} & 0 & -3\ 125 & -1\ 875 & 0 & -16\ 875 & 5\ 625 & P_{4x} & P_{4y} & M_{4\theta} \end{bmatrix}^T$$

(2)建立单元刚度矩阵。

由已知条件可知

$$\frac{EA}{l} = 15.75 \times 10^7 \text{ N/m}, \quad \frac{EI}{l} = 32.812\ 5 \times 10^3 \text{ N} \cdot \text{m}$$

按照平面梁单元的单元刚度矩阵表述，对于单元②，不需要进行从局部坐标系向整体坐标系的坐标变换，该单元在整体坐标系的单元刚度矩阵为

$$\boldsymbol{K}^e_{(2)} = 10^5 \times \begin{bmatrix} 1\ 575 & 0 & 0 & -1\ 575 & 0 & 0 \\ 0 & 0.98 & 0.98 & 0 & -0.98 & 0.98 \\ 0 & 0.98 & 1.31 & 0 & -0.98 & 0.66 \\ -1\ 575 & 0 & 0 & 1\ 575 & 0 & 0 \\ 0 & -0.98 & -0.98 & 0 & 0.98 & -0.98 \\ 0 & 0.98 & 0.66 & 0 & -0.98 & 1.31 \end{bmatrix} \begin{matrix} \leftarrow u_2 \\ \leftarrow v_2 \\ \leftarrow \theta_2 \\ \leftarrow u_3 \\ \leftarrow v_3 \\ \leftarrow \theta_3 \end{matrix}$$

对于单元①和③，为平面任意梁单元，需进行从局部坐标系向整体坐标系的坐标变换，在局部坐标系的单元刚度矩阵为

$$\boldsymbol{K'}^e_{(1)} = 10^5 \times \begin{bmatrix} 1\ 575 & 0 & 0 & -1\ 575 & 0 & 0 \\ 0 & 0.98 & 0.98 & 0 & -0.98 & 0.98 \\ 0 & 0.98 & 1.31 & 0 & -0.98 & 0.66 \\ -1\ 575 & 0 & 0 & 1\ 575 & 0 & 0 \\ 0 & -0.98 & -0.98 & 0 & 0.98 & -0.98 \\ 0 & 0.98 & 0.66 & 0 & -0.98 & 1.31 \end{bmatrix}$$

单元①的坐标变换矩阵为

$$T_1 = \begin{bmatrix} \cos\alpha & \sin\alpha & 0 & 0 & 0 & 0 \\ -\sin\alpha & \cos\alpha & 0 & 0 & 0 & 0 \\ 0 & 0 & 1 & 0 & 0 & 0 \\ 0 & 0 & 0 & \cos\alpha & \sin\alpha & 0 \\ 0 & 0 & 0 & -\sin\alpha & \cos\alpha & 0 \\ 0 & 0 & 0 & 0 & 0 & 1 \end{bmatrix} = \begin{bmatrix} 0 & 1 & 0 & 0 & 0 & 0 \\ -1 & 0 & 0 & 0 & 0 & 0 \\ 0 & 0 & 1 & 0 & 0 & 0 \\ 0 & 0 & 0 & 0 & 1 & 0 \\ 0 & 0 & 0 & -1 & 0 & 0 \\ 0 & 0 & 0 & 0 & 0 & 1 \end{bmatrix}$$

则单元①在整体坐标系的单元刚度矩阵为

$$K_{(1)}^e = T_1^T K_{(1)}^{\prime e} T_1 = 10^5 \times \begin{bmatrix} 0.98 & 0 & -0.98 & -0.98 & 0 & -0.98 \\ 0 & 1\,575 & 0 & 0 & -1\,575 & 0 \\ -0.98 & 0 & 1.31 & 0.98 & 0 & 0.66 \\ -0.98 & 0 & 0.98 & 0.98 & 0 & 0.98 \\ 0 & -1\,575 & 0 & 0 & 1\,575 & 0 \\ -0.98 & 0 & 0.66 & 0.98 & 0 & 1.31 \end{bmatrix} \begin{matrix} \leftarrow u_1 \\ \leftarrow v_1 \\ \leftarrow \theta_1 \\ \leftarrow u_2 \\ \leftarrow v_2 \\ \leftarrow \theta_2 \end{matrix}$$

同理可知，单元③在整体坐标系的单元刚度矩阵为

$$K_{(3)}^e = K_{(1)}^e = 10^5 \times \begin{bmatrix} 0.98 & 0 & -0.98 & -0.98 & 0 & -0.98 \\ 0 & 1\,575 & 0 & 0 & -1\,575 & 0 \\ -0.98 & 0 & 1.31 & 0.98 & 0 & 0.66 \\ -0.98 & 0 & 0.98 & 0.98 & 0 & 0.98 \\ 0 & -1\,575 & 0 & 0 & 1\,575 & 0 \\ -0.98 & 0 & 0.66 & 0.98 & 0 & 1.31 \end{bmatrix} \begin{matrix} \leftarrow u_4 \\ \leftarrow v_4 \\ \leftarrow \theta_4 \\ \leftarrow u_3 \\ \leftarrow v_3 \\ \leftarrow \theta_3 \end{matrix}$$

（3）建立整体刚度方程。

由此，按照节点 1→4 的顺序将各单元刚度矩阵进行排序和整合，得到整体刚度矩阵为

$$K = K_{(1)}^e + K_{(2)}^e + K_{(3)}^e$$

$$= 10^5 \times \begin{bmatrix} 0.98 & 0 & -0.98 & -0.98 & 0 & -0.98 & 0 & 0 & 0 & 0 & 0 & 0 \\ 0 & 1\,575 & 0 & 0 & -1\,575 & 0 & 0 & 0 & 0 & 0 & 0 & 0 \\ -0.98 & 0 & 1.31 & 0.98 & 0 & 0.66 & 0 & 0 & 0 & 0 & 0 & 0 \\ -0.98 & 0 & 0.98 & 1\,576 & 0 & 0.98 & -1\,575 & 0 & 0 & 0 & 0 & 0 \\ 0 & -1\,575 & 0 & 0 & 1\,576 & 0.98 & 0 & -0.98 & 0.98 & 0 & 0 & 0 \\ -0.98 & 0 & 0.66 & 0.98 & 0.98 & 2.62 & 0 & -0.98 & 0.66 & 0 & 0 & 0 \\ 0 & 0 & 0 & -1\,575 & 0 & 0 & 1\,576 & 0 & 0.98 & -0.98 & 0 & 0.98 \\ 0 & 0 & 0 & 0 & -0.98 & -0.98 & 0 & 1\,576 & -0.98 & 0 & -1\,575 & 0 \\ 0 & 0 & 0 & 0 & 0.98 & 0.66 & 0.98 & -0.98 & 2.62 & -0.98 & 0 & 0.66 \\ 0 & 0 & 0 & 0 & 0 & 0 & -0.98 & 0 & -0.98 & 0.98 & 0 & -0.98 \\ 0 & 0 & 0 & 0 & 0 & 0 & 0 & -1\,575 & 0 & 0 & 1\,575 & 0 \\ 0 & 0 & 0 & 0 & 0 & 0 & 0.98 & 0 & 0.66 & -0.98 & 0 & 1.31 \end{bmatrix}$$

整体刚度方程为 $Kq = P$。

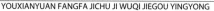

（4）位移边界条件。

由于节点 1 和 4 为固定端，故有

$$u_1 = v_1 = \theta_1 = u_4 = v_4 = \theta_4 = 0$$

将其代入到整体刚度方程中，约去零位移项后有

$$10^5 \times \begin{bmatrix} 1\,576 & 0 & 0.98 & -1\,575 & 0 & 0 \\ 0 & 1\,576 & 0.98 & 0 & -0.98 & 0.98 \\ 0.98 & 0.98 & 2.62 & 0 & -0.98 & 0.66 \\ -1\,575 & 0 & 0 & 1\,576 & 0 & 0.98 \\ 0 & -0.98 & -0.98 & 0 & 1\,576 & -0.98 \\ 0 & 0.98 & 0.66 & 0.98 & -0.98 & 2.62 \end{bmatrix} \begin{bmatrix} u_2 \\ v_2 \\ \theta_2 \\ u_3 \\ v_3 \\ \theta_3 \end{bmatrix} = \begin{bmatrix} 0 \\ -3\,125 \\ -1\,875 \\ 0 \\ -16\,875 \\ 5\,625 \end{bmatrix}$$

求解处未知位移分量为

$$u_2 = -0.007\,9 \text{ mm}$$

$$v_2 = -0.000\,03 \text{ mm}$$

$$\theta_2 = -0.011\,1 \text{ rad}$$

$$u_3 = -0.007\,9 \text{ mm}$$

$$v_3 = -0.000\,1 \text{ mm}$$

$$\theta_3 = 0.027\,2 \text{ rad}$$

（5）求出支反力。

将求解出的位移分量代入到整体刚度矩阵中，求出未知支反力和支反力矩为

$$P_{1x} = 1\,862 \text{ N}$$

$$P_{1y} = 4\,725 \text{ N}$$

$$M_1 = -1\,507 \text{ N} \cdot \text{m}$$

$$P_{4x} = -1\,891 \text{ N}$$

$$P_{4y} = 15\,750 \text{ N}$$

$$M_4 = 1\,021 \text{ N} \cdot \text{m}$$

习　题

6-1　杆系结构进行有限元分析的特点是什么？

6-2　在梁结构的有限元分析中，平面纯弯曲梁和平面一般梁的区别是什么？平面梁和空间梁又有何区别？提示：可从平面梁和空间梁的单元特性方面进行讨论。

6-3　在用有限元方法求解问题时，什么结构可简化为杆或梁结构进行处理？

6-4　如题 6-4 图所示，该结构由两个钢杆件组成，节点 1 上作用有轴向拉力 $P = 10$ kN，节点 4 为固定端，两个杆的截面面积分别为 $A_1 = 100 \text{ mm}^2$、$A_2 = 200 \text{ mm}^2$，杆长度分别为 $l_1 = 200 \text{ mm}$、$l_2 = 400 \text{ mm}$，弹性模量均为 $E = 210 \text{ GPa}$。求各节点的节点位移和各杆的最大应力。

6-5　如题 6-5 图所示，一平面简支梁长度 $l = 1$ m，弹性模量 $E = 210 \text{ GPa}$，截面为矩形截面，面积 $A = (40 \times 40) \text{ mm}^2$，在图中有向下作用的集中载荷 $P = 5\,000 \text{ N}$，整个梁长

度范围内作用有均布载荷，载荷大小为 1 000 N/m。求梁单元节点 3 处的支反力，并将结果与材料力学计算结果进行对比。

6-6 如题 6-6 图所示，一个桁架由两个杆组成，弹性模量 $E = 210$ GPa，截面为圆形，面积 $A = 1 000$ mm^2，两杆间距离 $l = 2$ m，两杆的铰接处作用有垂直向下的力 $P = 1$ kN。求铰接处节点的位移及杆件的单元刚度矩阵 K_1、K_2。

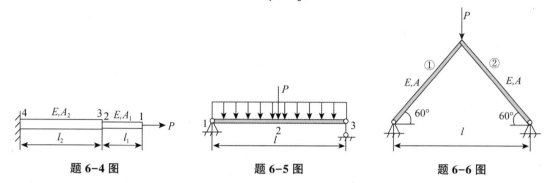

题 6-4 图   题 6-5 图   题 6-6 图

第7章
有限元分析软件

7.1 有限元分析软件简介

▶▶▶ 7.1.1 通用有限元分析软件的发展 ▶▶▶

随着计算机技术和有限元理论的发展，有限元分析软件被越来越多地应用于工程实际分析计算中，并广泛应用于航空航天、军工武器、土木工程、机械制造、电力电子、医学等领域中。目前，有限元分析软件有成百上千种，各种软件主要通过不同的迭代方法求解，但又具有很多共同的特点，主要特点体现在以下方面：均适用于各领域应用背景的线性和非线性问题求解分析；均具有良好的与其他软件交互的能力；在离散过程中具有强大的网格划分技术；具有强大的材料库，可处理金属、塑料、木材、岩土、复合材料等问题。典型的软件如下。

1966年，美国MSC公司开发了NASTRAN软件。1971年，MSC公司对NASTRAN软件中结构分析进行升级，推出改进后的NASTRAN。改进后的NASTRAN能够有效解决各类复杂变形体的静力学、动力学、热力学、非线性、流体结构耦合、气动弹性、灵敏度分析及结构优化等问题，是美国国家航空航天局设计产品时的指定有限元分析软件。1970年，美国ANSYS公司发明了通用有限元分析软件ANSYS。2006年，ANSYS公司收购了在流体仿真领域处于领导地位的美国Fluent公司，将Fluent软件嵌入ANSYS软件中。2023年，ANSYS公司进一步加大在人工智能方面的投入，推出ANSYS GPT测试版本。ANSYS GPT整合了跨物理领域的工程专业知识，在仿真产品组合和技术支持中集成全新AI功能，提升客户体验，加快仿真速度。ANSYS中的结构、流体、电磁分析在飞机设计中有着广泛的应用。1979年，美国SIMULIA公司(原ABAQUS公司)研究开发了有限元分析软件，可解决金属、橡胶、高分子材料、复合材料、钢筋混凝土、土壤及岩石等材料的线性问题和非线性问题，特别针对复杂非线性问题具有较大优势。

本书以ANSYS软件为例进行介绍。

▶▶▶ 7.1.2 ANSYS软件简介 ▶▶▶

ANSYS软件是美国ANSYS公司研制的大型通用有限元分析软件，是世界范围内增长最快的计算机辅助工程软件，能与多数计算机辅助设计软件接口实现数据的共享和交换，如 Creo、NASTRAN、I-DEAS、AutoCAD 等。ANSYS 软件具有功能强大、操作简单方便等优点，现已成为国际最流行的有限元分析软件，并广泛应用于航空航天、国防工业、汽车交通、生物医学、桥梁建筑、土木工程、电力电子、机械制造等领域中。ANSYS 软件基于有限单元法基础理论，具有稳态、模态、瞬态、调谐等分析类型，可以用来求解结构、流体、热分析、电力电子、电场磁场、耦合场及碰撞等工程问题。我国很多高校在本科有限元相关课程中采用 ANSYS 软件作为指定教学软件。

　　ANSYS 软件在用户界面设置方面，提供了 ANSYS Workbench 和 ANSYS 经典两个不同的界面，本书主要介绍 ANSYS 经典界面的操作。ANSYS 经典界面主要提供了前处理模块、分析计算模块和后处理模块。前处理模块中包括一个强大的几何建模及网格划分工具，用户可以用于构造简单的几何模型，或采用与其他 CAD 软件如 Pro/E、UG 及 AutoCAD 等软件接口连接导入复杂的几何模型，再利用网格划分功能得到有限元模型；对于梁杆等问题可利用建模功能的单元和节点直接生成有限元模型。分析计算模块可用于结构线性或非线性分析、流体动力学分析、电磁场分析、声场分析及多物理场的耦合分析，还可进行灵敏度分析及优化分析等。后处理模块主要用于显示求解计算结果，以图形、列表、曲线等形式显示输出便于用户分析处理数据。

7.2　ANSYS 经典界面和操作步骤

▶▶▶7.2.1　ANSYS 的启动 ▶▶ ▶

　　在 Windows 系统环境下，选择"开始"→ANSYS→ANSYS APDL Product Launcher，将启动 ANSYS 经典界面，并可进行模块选择、文件管理及程序初始化等设置，如图 7-1 所示。

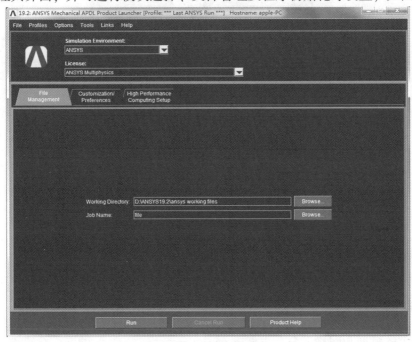

图 7-1　ANSYS 经典界面

▶▶ 7.2.2 ANSYS 操作界面 ▶▶▶ ▶

ANSYS 操作界面主窗口中包含几个子区域：工具菜单（应用菜单）、主菜单、命令输入窗口、图形窗口、状态条、工具条、快捷键、图形变换按钮等，如图 7-2 所示。ANSYS 输出窗口如图 7-3 所示。

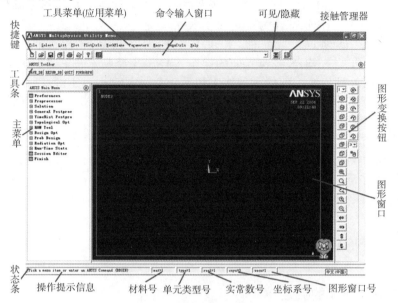

图 7-2　ANSYS 操作界面

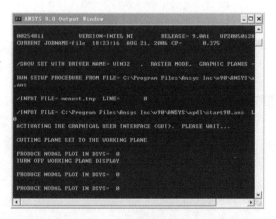

图 7-3　ANSYS 输出窗口

下面简单介绍主菜单、工具菜单和命令输入窗口。

1. 主菜单（Main Menu）

主菜单包含 ANSYS 有限元分析操作处理菜单，包含前处理器、求解器、通用后处理器、时间历程后处理器等主要处理器。主菜单位于 ANSYS 操作界面的左侧，每个根部菜单项对应一个处理器或功能模块，如图 7-4 所示。前处理器（Preprocessor）：建立有限元模型，包括实体模型和网格划分。求解器（Solution）：施加载荷并获得求解。通用后处理器（General Postproc）：获得某时刻整个模型的结果。时间历程后处理器（TimeHist

Postpro）：处理模型上某位置点的结果随时间变化情况。

2. 工具菜单（Utility Menu）

工具菜单包含文件（File）、选择（Select）、列表（List）、绘图（Plot）、图形控制（PlotC-trls）、工作平面（WorkPlane）、参数控制（Parameters）、宏命令（Macro）、菜单控制（Menu-Ctrls）及帮助（Help）等子菜单项，如图7-5所示。它位于 ANSYS 操作界面的最上方，主要配合主菜单完成一系列辅助功能操作。

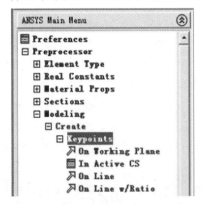

图7-4 主菜单

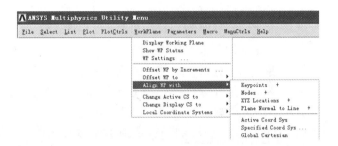

图7-5 工具菜单

下面以文件子菜单为例，说明工具菜单界面的含义，如图7-6所示。在工具菜单中，文件子菜单用于对 ANSYS 文件定义存储目录、工作目录、工作标题，存储/恢复文件，写出/读入文件，文件复制/删除/拷贝等。其中，主要选项说明如下。

Clear & Start New 表示清除数据库并开始新分析。Change Jobname 表示定义新的工作文件名。Change Directory 表示定义新的工作路径。Change Title 表示定义新的分析标题。Resume Jobname. db 表示恢复当前工作文件名的 Jobname. db 数据库文件。Resume from 表示恢复用户选定某个数据文件，一般在工作名不是 Jobname. db 时使用。Save as Jobname. db 表示按照当前工作文件名存储数据库文件，数据库文件为 Jobname. db。Save as 表示存储数据库文件，可以指定与 Jobname. db 相同或不同的任意数据库文件名。Write DB log file 表示将数据中所有定义的数据按照定义命令流方式写入一个 *. log 文本文件中，称为数据库生成的命令流文件。Import 表示导入几何模型，可导入 IGES 文件、CATIA 文件、Creo 文件、UG 文件、SAT 文件、PARA 文件和 CIF 文件。

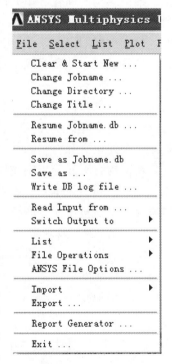

图7-6 文件子菜单

3. 命令输入窗口（Command）

ANSYS 的所有菜单操作都对应一条或几条命令，即所有菜单操作都可通过命令输入的方式实现。ANSYS 提供了包括图形用户界面输入、命令输入、工具条和调用批处理文件4

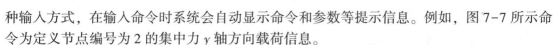

种输入方式，在输入命令时系统会自动显示命令和参数等提示信息。例如，图 7-7 所示命令为定义节点编号为 2 的集中力 y 轴方向载荷信息。

```
F, NODE, Lab, VALUE, VALUE2, NEND, NINC
F, 2, FY, -500
```

图 7-7　命令输入方式示例

▶▶▶ 7.2.3　ANSYS 操作步骤 ▶▶▶

从总体上讲，一个完整的 ANSYS 有限元分析基本过程主要包括模型整体规划、前处理部分、加载求解部分及后处理部分。它们分别对应 ANSYS 主菜单中的前处理器、求解器、通用后处理器与时间历程后处理器。ANSYS 具有多种有限元分析功能，从简单的线性静态分析到复杂的非线性动态分析，它都能实现。由于有限元分析涉及变形体的结构分析、热分析、电磁分析、流体分析等方面，因此有限元分析软件可对应地实现这些不同功能。虽然不同功能在软件操作及方法方面有差别，但分析过程步骤基本一致。利用 ANSYS 软件分析有限元问题，主要分为以下步骤。

（1）对模型进行整体规划。这项工作与 ANSYS 程序的功能无关，完全取决于用户的知识、经验和职业技能。规划的主要内容包括定义单位、二维与三维模型的选择、对称性简化、细节结构的简化、单元阶次的选取等。整体规划的合理性直接影响整个分析过程的顺利性及分析结果的正确性。

（2）建立有限元模型。建立有限元模型的过程是在主菜单中前处理器模块下完成的，是工作量最大、花费时间最多的。建模过程主要由以下几个部分组成：设定单元类型、建立材料模型、建立几何模型和网格划分。在用有限单元方法对产品进行分析时，需要对产品几何形体划分网格，而划分网格前需要确定单元类型。在第 2 章介绍变形体的基本假设时提到，变形体需从**几何形状**和**材料属性**两个方面进行描述，在 ANSYS 软件中分别对应单元类型的定义和材料参数的设置操作。

在结构有限元分析中主要有以下单元类型：平面应力单元、平面应变单元、轴对称实体单元、空间实体单元、板单元、壳单元、轴对称壳单元、杆单元、梁单元、弹簧单元、间隙单元、质量单元、摩擦单元、刚体单元和约束单元等。

（3）施加载荷及求解。这是进行有限元分析的关键一步，在不同的应用场合载荷有不同的定义和度量，通常将某种能引起机械结构内力的非力学因素称为**载荷**。在 ANSYS 中，不同问题对应的载荷类型不同。

（4）载荷施加并求解计算后，基于后处理器查看有限元分析的计算结果。

 ## 7.3　模型规划

在进行实际问题的有限元分析前，要先对其计算模型进行设计规划，包括模型结构的合理简化和所受约束载荷的等效简化。

对于复杂变形体的结构模型而言，一方面，可忽略一些对结构刚强度影响较小的小零部件如倒圆角、凹槽、螺钉等，这样可简化网格划分的工作量，构建适于分析的计算模型；另一方面，根据实际问题的特征，具体问题具体分析，进行模型的简化，如有的三维模型简化后抽象出平面问题或梁问题。

对于计算模型所受的约束载荷而言，要根据实际问题等效出模型所受位移约束的方式、位置和载荷等效的规划。例如，活动铰支座和固定铰支座约束在施加时的区别、全位移约束和长度位移约束在施加时的区别等。

7.4　有限元模型建立

有限元分析工程问题时，有限元模型的建立过程实际上就是变形体结构离散化逼近的过程，是有限元分析的关键所在。因此，建立合适的有限元模型是保证求解正确及求解精度的重要因素。

通常，有限元模型建立主要有两种方法：

（1）对于有些简单有限元模型可通过创建节点和单元直接生成，如梁杆问题。直接生成有限元模型的步骤如图 7-8 所示。

图 7-8　直接生成有限元模型的步骤

（2）对于大部分有限元模型需要通过将几何模型划分单元网格后生成，其构建有限元模型的基本步骤如图 7-9 所示。

图 7-9　由几何模型生成有限元模型的基本步骤

▶▶▶ 7.4.1　几何模型 ▶▶▶

ANSYS 中建立几何模型有以下两种方法。

（1）针对复杂几何模型，可以通过常用的中间文件格式输入 ANSYS。当模型来自 CAD 软件时，可以通过 IGES、SAT、STEP、PARA 等中间文件格式进行转换再输入 ANSYS，或者经由直接转换界面将 CAD 模型直接转换至 ANSYS。使用直接转换的方式时，先在 CAD 软件中对模型进行合理简化，再把简化后模型输入 ANSYS，这样可以节省处理模型的时间。为了提高工作效率，通常在商业 CAD 软件中建立复杂的产品实体模型，然后通过 ANSYS 和 CAD 软件的接口将 CAD 模型输入 ANSYS，再划分单元网格，对应的菜单路径为 Utility Menu→File→Import，如图 7-10 所示。

图7-10   ANSYS 模型输入路径

（2）针对简单几何模型，在 ANSYS 前处理器中直接建模。对于如梁、轴对称模型等简单几何图形，不需要使用 CAD 软件构建，可以直接在 ANSYS 内使用建模工具快速建立模型。ANSYS 中提供了两种构建实体模型的方法，即自上而下建模和自下而上建模。

自下而上建模过程是从低阶到高阶模型的创建过程，先定义关键点再生成线、面、体图元，最后生成几何模型，如图7-11 所示。

图7-11   自下而上建模

举例说明：关键点的创建。

创建关键点的菜单路径为 Main Menu→Preprocessor→Modeling→Create→Keypoints，如图7-12 所示。例如，选择 Main Menu→Preprocessor→Modeling→Create→Keypoints→In Active CS，弹出对话框如图7-13 所示，表示在激活坐标系中定义关键点。

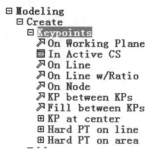

图7-12   创建关键点的菜单界面

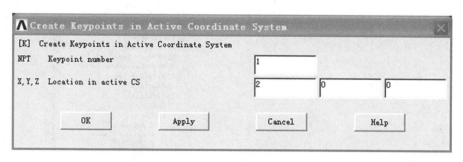

图 7-13　创建关键点坐标

举例说明：面的创建。

面分为两种类型：任意形状面（即不规则形状面）和规则面（包括矩形面、圆形面、圆环面、部分圆环面、扇形面、各种边数的正多边形面）。创建面的菜单路径为 Main Menu→Preprocessor→Modeling→Create→Areas，如图 7-14 所示，下面以不规则面的操作为例说明面的创建。图中，Through KPs 表示通过关键点生成面，用鼠标在图形窗口中选择已创建好的关键点，单击 OK 按钮。Overlaid on Area 表示在一个已有面上定义一个子域面，该面与已有面完全重合，称为覆盖面。By Lines 表示通过封闭线定义面，在图形窗口中选择已经定义好的边界线，单击 OK 按钮即可。By Skinning 表示通过导引线生成光滑曲面。By Offset 表示通过平移面生成另一个面。

自上而下建模是基于基本图元生成实体图元及以下图元，将这些图元按一定规则（如布尔运算规则）生成所需的几何模型。其中，基本图元包括圆、矩形、三角形、圆柱、球、圆锥等。

布尔运算是 ANSYS 几何建模中非常重要的功能，无论是自上而下建模还是自下而上建模，都可以用布尔运算进行操作，在几何实体之间进行加、减、粘接、切分等操作，从而创建出合适的几何模型。

注意：布尔运算的几何对象必须没有划分单元网格，如果已经划分单元网格必须首先清除网格。

进入布尔运算的菜单路径为 Main Menu→Preprocessor→Modeling→Operate→Booleans，如图 7-15 所示。其下级子菜单项包括：求交（Intersect），结果是取参加运算的几何对象的公共部分；相加（Add），结果是多个线、面或体之间合并生成一个新的几何对象；相减（Subtract），结果是多个线、面或体之间相减生成新的几何对象；切分（Divide），结果是原几何对象被分成多个更小的几何对象；粘接（Glue），原来几何对象之间完全独立但在边界上存在位置重叠区域，通过粘接操作可以将公共部分求交出来并将其作为几何对象之间的公共边界（边界点、边界线或者边界面），经过粘接操作连接起来的几何对象划分网格时具有公共相连的节点；叠分（Overlap），该操作针对的是存在重叠区域的两个图元，可以求交建立公共区域并形成相互连接的 3 个图元，其中一个图元即为原来两个图元的重叠区域，另两个图元为原有两个图元减去公共部分后的区域。

图 7-14　创建面的菜单界面

图 7-15　布尔运算菜单界面

▶▶▶ 7.4.2　单元类型定义 ▶▶▶

单元类型的选择原则由实体模型及有限元分析类型特点决定。例如，当桁架模型采用铰链连接方式时，选择杆单元（Link），当刚架模型采用刚性连接方式时，选择梁单元（Beam）；当结构模型所受载荷作用于平面上时，选择平面单元（Plane），当结构模型所受载荷不在平面上时，选择板壳单元（Shell）；当结构模型为空间模型且结构和所受载荷均具有轴对称特性时，选择轴对称单元（Axisymmetric），否则选择一般实体单元（Solid）。ANSYS 单元类型分为结构单元、热单元、电磁单元、耦合场单元、流体单元、LS-DYNA单元等，每种单元类型有一个特定的编号和一个标示单元类型的前缀。主要结构单元类型举例如表 7-1 所示。

表 7-1　主要结构单元类型举例

单元名称	维度	说明	自由度
Link1	二维	二维杆单元	
Beam3	二维	二维弹性梁单元	
Beam4	三维	三维弹性梁单元	
Beam23	二维	二维塑性梁单元	
Beam24	三维	三维薄壁梁单元	
Beam188	三维	三维有限应变梁单元	

续表

单元名称	维度	说明	自由度
Pipe16	二维	弹性直管	
Pipe18	二维	弹性弯管	
Pipe20	二维	塑性直管	
Plane42	二维	二维结构实体单元	
Plane182	二维	二维结构实体单元	
Plane183	二维	二维8节点结构实体单元	
Solid45	三维	三维结构实体单元	
Solid64	三维	三维各向异性实体单元	
Solid92	三维	三维10节点结构实体单元	
Solid95	三维	三维20节点结构实体单元	
Solid185	三维	三维8节点结构实体单元	
Solid186	三维	三维20节点结构实体单元	

定义单元类型的菜单路径为 Main Menu→Preprocessor→Element Type。单元类型对话框如图7-16所示。在该对话框中单击 Add Edit 按钮，弹出单元类型设置对话框，如图7-17所示。若单击 Options 按钮，则弹出与单元类型选项对话框，可进一步进行特殊的设置。

在单元类型设置对话框中，若空间问题选择结构单元中的三维实体单元，同是实体单元，则可根据几何模型的复杂程度选择四面体单元和六面体单元，再在单元形状相同的基础上进一步选择不同的单元节点数，如10节点四面体单元和20节点四面体单元。在有限元分析软件主菜单单元类型设置的具体操作中，根据具体情况结合单元类型手册决定单元的节点数、自由度数。例如，结构单元中 Plane2 表示2号板单元，表示二维6节点三角形结构实体

图7-16 单元类型对话框

单元；Solid45 表示 45 号三维实体单元。又如，热单元中 Link32 表示二维传导杆单元；Solid90 表示 90 号三维 20 节点热实体单元。

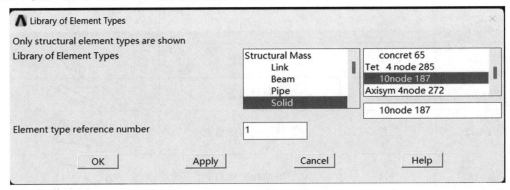

图 7-17　单元类型设置对话框

定义单元类型后还需根据实际情况定义单元实常数（Real Constants）。定义单元实常数的菜单路径为 Main Menu→Preprocessor→Real Constants。单元实常数对话框如图 7-18 所示。对于三维实体单元不需要设置单元实常数，但对于板壳单元、杆单元和二维平面单元而言，构成单元的点、线、面不能完全体现单元的几何形状与大小，如壳单元的厚度、杆单元的截面大小等，必须对单元实常数进行设定。单元实常数是指板壳单元的厚度或截面定义、梁单元截面特性或截面几何尺寸等，同类型的不同单元也可以有不同的实常数。物理对象抽象成数学对象时无法保留的各种几何、力学、热学等属性参数，必须作为单元实常数的方式增补给指定的单元，从而使单元的行为和属性与物理对象保持一致。

图 7-18　单元实常数对话框

▶▶▶ 7.4.3　材料属性定义 ▶▶▶ ▶

绝大多数单元属性都需要定义材料属性。根据不同的结构特点，材料属性在选取时需考虑模型材料是线性或者非线性、弹性或非弹性、不随温度变化或者随温度变化等。定义材料属性的菜单路径为 Main Menu→Preprocessor→Material Props→Material Models。材料属性设置对话框如图 7-19 所示。先设置为线性或非线性，线性材料模型即设置为线弹性材料，它是结构问题分析中最常见的材料类型，按照对各方向是否具有敏感性可分为各向同性、正交各向异性、各向异性材料。若是各向同性的线弹性模型，在材料属性设置时只需要输入弹性模量、泊松比和质量密度 3 个参数。若是正交各向异性的线弹性模型（如木板），在材料属性设置时则需要输入 9 个独立参数。若是非线性材料，再设置材料为弹性还是非弹性。其中，在非线性弹性材料中，需进一步设置为超弹性、多段弹性或黏弹性；在非线性非弹性材料中，需进一步设置为塑性、黏塑性、蠕变、膨胀系数、阻尼系数、磁场、水泥或非金属等。

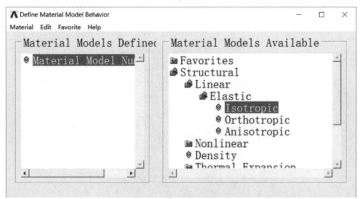

图 7-19　材料属性设置对话框

▶▶▶ 7.4.4　网格划分 ▶▶▶ ▶

1. 网格划分原则

在对几何模型进行网格划分时，要遵循先简单后复杂、先粗后精的原则和二维单元与三维单元合理搭配使用的指导思想。在进行网格划分时，网格密度的选取原则是寻求求解精度和求解速度间的平衡，并充分利用模型的对称等特征提高求解效率。

ANSYS **网格划分**的指导思想是首先进行总体模型规划，包括物理模型的构造、单元类型的选择、网格密度的设置等。网格划分是有限元建模中的重要环节，且网格质量的好坏直接影响求解精度和求解速度。几何实体模型建立后通过网格划分生成有限元模型，其操作步骤为：首先指定单元材料等属性，包括单元类型、实常数、材料属性的确定；然后设定网格形状和网格尺寸；最后进行网格划分及检查修改。

在完成单元属性定义之后和划分网格之前，用户要对几何模型各部分指定单元属性（包括对点、线、面、体划分单元的指定）。指定单元属性菜单路径为 Main Menu→Preprocessor→ Meshing→Mesh Attributes。

2. 网格划分工具

为了方便操作，ANSYS 主菜单中的 MeshTool 对话框集中实现了网格划分的操作。MeshTool 对话框集成了大部分网格划分的命令，执行 Main Menu→Preprocessor→Meshing→MeshTool 命令，即可弹出网格划分对话框，如图 7-20 所示。其中，智能划分（Smart Size）是 ANSYS 提供的自动网格划分工具。在自由网格划分时，用户可以使用 Smart Size 设置网格的大小，控制网格划分大小级别范围为1(精细)~10(粗糙)，而映射网格不能进行智能划分。

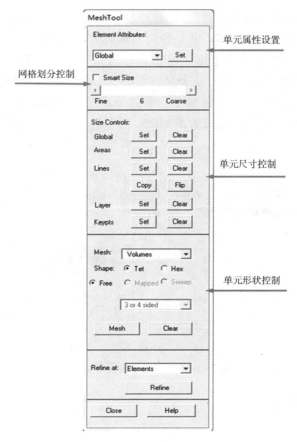

图 7-20　网格划分对话框

3. 网格尺寸控制

在设置网格形状和网格尺寸时，有不同设置单元网格尺寸的方法。例如，通过设置单元边长或设置划分单元的单元数量来控制网格的尺寸，可实现对全局(Global)、面(Areas)、线(Lines)、层(Layer)及关键点(Keypoint)的单元网格尺寸控制和清除。

当设置网格划分单元尺寸时，可通过执行 Main Menu→Preprocessor→Meshing→MeshTool 命令或 Main Menu→Preprocessor→Meshing→Size Controls 命令两种方式控制单元网格的尺寸。

(1)若采用 MeshTool 方式，在 MeshTool 对话框的单元尺寸控制栏 Size Controls 中选择 Global 右侧的 Set 按钮，弹出图 7-21 所示设置单元网络尺寸对话框，在 SIZE Element edge length 文本框中输入单元的长度；也可在 MeshTool 对话框中选择 Lines 右侧的 Set 按钮，弹出相应对话框，用线来控制单元的尺寸，在 NDIV No. of element divisions 文本框中输入单元边长。

(2)若采用 Size Controls 方式，在 Size Controls 对话框中同样可在 SIZE Element edge length 文本框中输入单元的长度。

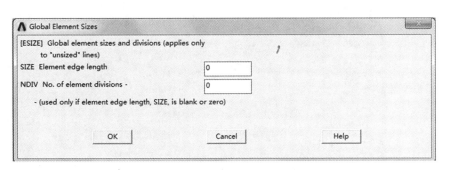

图 7-21　设置单元网格尺寸对话框

4. 网格形状控制

不同的单元类型具有不同的网格形状。例如，二维平面单元可以定义为四边形或三角形单元，三维实体单元可以定义为六面体或四面体单元。<u>有限元网格划分方法一般分为自由网格划分、映射网格划分等</u>。其中，自由网格划分适用于对单元形状没有限制的复杂几何模型。例如，自由网格中的面网格单元可以为四边形单元或三角形单元或两者混合单元，自由网格中的体网格单元一般为四面体单元。映射网格只适用于有相当规则的体或面的简单几何模型。映射网格中的面网格只能为四边形单元或三角形单元，映射网格中的体网格只能为六面体单元。一般情况下，映射网格适用于规则简单的几何模型，往往比自由网格得到的结果更精确、求解的速度相对快。

当划分网格单元形状时，可通过执行 Main Menu→Preprocessor→Meshing→MeshTool 命令或 Main Menu→Preprocessor→Meshing→Mesher Opts 命令两种方式控制单元网格的尺寸。

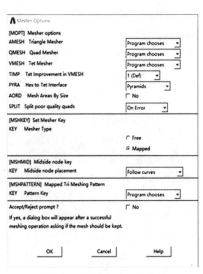

图 7-22　指定单元网格形状

（1）若采用 MeshTool 方式，在 MeshTool 对话框的单元形状控制栏（Mesh）中根据研究对象的单元类型选择面（Areas）或体（Volumes）网格形状，若是面网格，再在 Shape 选项中选择四边形（Quad）或三角形（Tri），若是体网格，再在 Shape 选项中选择四面体（Tet）或六面体（Hex）。

（2）若采用 Mesher Opts 方式，可以对三角形网格划分器（Triangle Mesher）、四边形网格划分器（Quad Mesher）、四面体网格划分器（Tet Mesher）和六面体网格划分器（Hex Mesher）等选项进行设置，如图 7-22 所示。

▶▶▶ **7.4.5　施加载荷** ▶▶▶

1. 定义分析类型

用户需要根据载荷条件和具体的分析特点来选择分析类型，在 ANSYS 中可进行分析的类型有静态（Static）、模态（Modal）、调谐（Harmonic）、瞬态（Transient）、频谱（Spectrum）、失稳（Eigen Buckling）和子结构分析（Substructuring/CMS），如图 7-23 所示。定义分析类型的菜单路径为 Main Menu→Solution→Analysis Type→New Analysis。

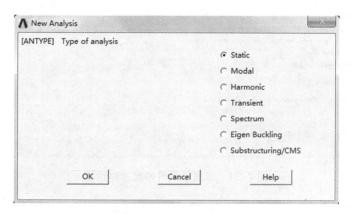

图7-23　选择分析类型

2. 定义施加载荷

施加载荷是进行有限元分析的关键一步，在不同的应用场合载荷有不同的定义和度量。在施加载荷后就可以选择适当的求解器对实际问题进行求解操作。

ANSYS中的位移载荷和作用力载荷与有限元方法理论求解中的位移边界条件和外力边界条件相对应。其中，对有限元模型进行结构分析时，载荷可分为位移约束（Displacement）、集中力载荷（Force/Moment）、表面载荷（Pressure）、体载荷（Temperature）、惯性载荷（Gravity）和耦合载荷（Spectrum）6类。

注意：在ANSYS中施加载荷时，可以直接对几何模型施加载荷，也可以对进行网格划分后的有限元模型施加载荷。如果载荷施加在几何模型上，在求解时ANSYS直接将几何模型上的载荷自动转换为有限元模型上的载荷。

（1）位移约束又称自由度约束或位移载荷。在大多数有限元问题分析中都需要施加相应的位移约束，位移约束可施加于节点、关键点、线和面上，用来限制模型某一方向上的自由度。定义位移约束的菜单路径为Main Menu→Solution→Define Loads→Apply→Structural→Displacement，如图7-24所示。

若有限元模型和载荷具有某种对称关系，则在建模过程中可建立1/2模型、1/4模型或轴对称模型，但在对应的单元类型设置和位移边界约束设置上都需要施加对称的条件。

注意：初学者在模型规划设计时若不能完全掌握模型间的转换关系，则可通过建立完整的几何模型和约束载荷进行求解。

（2）集中力载荷。不同的分析类型对应的集中力载荷代表的物理量是不同的。例如，结构分析中的集中力载荷表示力和力矩，电场分析中的集中力载荷表示电流和电荷，热分析中的集中力载荷表示热流速率，如表7-2所示。定义集中力载荷的菜单路径为Main Menu→Solution→Define Loads→Apply→Structural→Force/Moment，如图7-25所示。

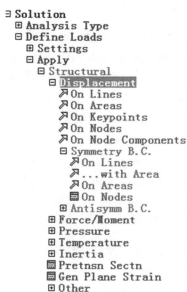

图7-24　位移约束施加菜单界面

表 7-2 集中力载荷及其 ANSYS 标识符

分析类型	集中力载荷	ANSYS 标识符
结构分析	力 力矩	FX, FY, FZ MX, MY, MZ
电场分析	电流 电荷	AMPS CHRG
热分析	热流速率	HEAT
流体分析	流体流动速率	FLOW
磁场分析	电流段 磁通量 电荷	CSGX, CSGY, CSGZ FLUX CHRG

图 7-25 集中力载荷施加菜单界面

（3）表面载荷。表面载荷本质上属于一种均匀分布载荷，不同的分析类型对应的表面载荷代表的物理量也是不同的。例如，结构分析中的表面载荷表示压力，电场分析中的表面载荷表示麦克斯韦表面、表面电荷密度和无限表面，热分析中的表面载荷表示对流、热流量和无限表面，如表 7-3 所示。定义表面载荷的菜单路径为 Main Menu→Solution→Define Loads→Apply→Structural→Pressure，如图 7-26 所示。表面载荷施加举例如图 7-27 所示。

表 7-3 表面载荷及其 ANSYS 标识符

分析类型	表面载荷	ANSYS 标识符
结构分析	压力	PRES1.
电场分析	麦克斯韦表面 表面电荷密度 无限表面	MXWF CHRGS INF
热分析	对流 热流量 无限表面	CONV HFLUX INF
流场分析	流体结构界面 阻抗	FSI IMPD
磁场分析	麦克斯韦表面 无限表面	MXWF INF

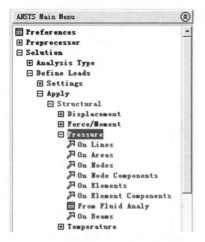

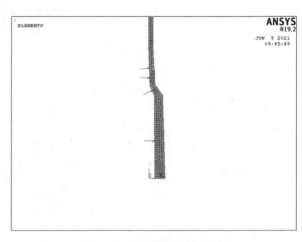

图 7-26　表面载荷施加菜单界面　　　　　图 7-27　表面载荷施加举例

（4）其他载荷。除了以上介绍的常见载荷，ANSYS 中还提供了一些特殊载荷的施加方法，主要包括体载荷、耦合载荷和惯性载荷等。严格来说，耦合载荷并不是一种独立的载荷类型，而只是将两种分析通过载荷的形式耦合起来。在施加耦合载荷时，一般是先施加一种类型的载荷，在得到计算结果数据后，将该载荷作为另一种类型的载荷进行施加。例如，可将热分析中计算得到的节点温度施加到结构分析中作为体载荷，也可以将磁场分析中计算得到的磁场力作为节点力施加到结构分析中。体载荷及其 ANSYS 标识符如表 7-4 所示。

表 7-4　体载荷及其 ANSYS 标识符

分析类型	体载荷	ANSYS 标识符
结构分析	温度	TEMP
电场分析	温度	TEMP
	体电荷密度	CHRGD
热分析	热生成速率	HGEN
磁场分析	温度	MXWF
	电流密度	JS
	电压降	VLTG

惯性载荷是在惯性力的作用下与质量有关的载荷，有线加速度、角速度和转动角加速度等。只有在几何模型有质量时惯性载荷才有意义。因此，定义质量时，可以在材料属性设置时定义其密度，也可用质量单元（如 MASS21）来直接施加。

按照载荷施加与时间的关系，载荷可分为单载荷步和多载荷步。其中，单载荷步适用于通过施加一个恒定载荷步来满足要求，而多载荷步适用于通过施加随时间变化的可变载荷步来满足要求，需要多次施加不同的载荷步才能满足要求。ANSYS 中，用载荷步来表示载荷随时间的变化历程。对于随时间变化的载荷，可以通过设置不同的载荷步来施加不同的载荷组合。在具体操作时，需要看基本项、瞬态动力学项、非线性项、输出控制项和其他项等方面的设置。ANSYS 中称载荷步选项为 Loadstep。

子步是相对载荷步而言的，是执行求解过程中的点，ANSYS 中称子步选项为 Substep。子步是指在一个载荷步中每次增加的时间步长，主要是为了在瞬态分析和非线性分析中提高分析精度和有效控制收敛性，子步又称时间步。不同分析类型的子步具有不同的意义：在非线性静态或稳态分析中使用子步可以逐渐施加载荷，以获得更好的求解精度；在瞬态动力学分析中使用子步是为了满足瞬态时间累积法则，以获得更好的求解精度，通常给定最小累积时间步长；在谐波分析中，一个子步对应一个频率值，通过使用子步操作获得谐波频率范围内多个频率处的解。ANSYS 设置载荷步和子步的菜单路径为 Main Menu→Preprocessor→Loads→Analysis Type→Sol'n Controls→Basic。设置载荷步和子步对话框如图 7-28 所示。

当在一个载荷步中指定至少有两个子步时，就出现了载荷是阶跃载荷还是坡道载荷的问题。当施加载荷时，若全部载荷均施加于载荷步中的第一个子步，且该载荷步的其余部分载荷保持不变，则称为阶跃载荷。当施加载荷时，若载荷施加于载荷步中的各个子步上，并呈线性递增趋势，即最大载荷出现在载荷步结束时，则称为坡道载荷。ANSYS 设置多载荷步中载荷类型的菜单路径为 Main Menu→Preprocessor→Loads→Analysis Type→Sol'n Controls→Transient。设置载荷步类型对话框如图 7-29 所示。

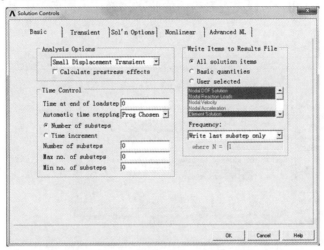

图 7-28 设置载荷步和子步对话框

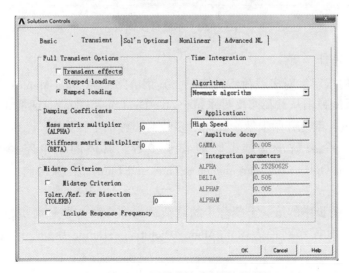

图 7-29 设置载荷步类型的对话框

使用子步的意义：因为计算机只能计算离散的量，故通常需要将一个载荷步划分为数个子步，然后利用 ANSYS 计算每个子步所对应的载荷。一般情况下，一个载荷步中的子步数越多计算精度就越高。当然，对于简单的载荷情况，划分过多的子步就没有必要。

▶▶▶ 7.4.6 求解 ▶▶▶

ANSYS 中求解器用于求解在建立有限元模型、施加载荷后的有限元基本方程，从而获得导出解。进行 ANSYS 求解的菜单路径为 Main Menu→Solution→Solve。ANSYS 中求解方法主要有从当前载荷步求解、从载荷步文件求解和部分求解。

1. 从当前载荷步求解

从当前载荷步求解针对单载荷步的情况，其菜单路径为 Main Menu→Solution→Solve→Current LS，系统弹出求解相关信息文本框和求解当前载荷步(Solve Current Load Step)对话框，如图 7-30 所示。用户可以先查看当前的状态，确认无误后单击对话框中的 OK 按钮，系统开始求解。

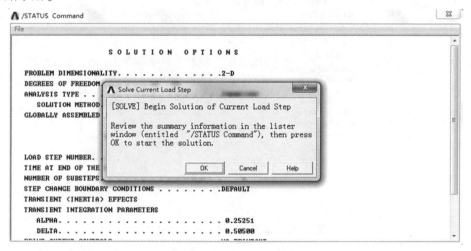

图 7-30 单载荷步设置

2. 从载荷步文件求解

从载荷步文件求解针对多载荷步的情况，其菜单路径为 Main Menu→Solution→Solve→From LS Files，系统弹出从载荷步文件求解(Solve Load Step Files)对话框，完成对话框的设置后单击 OK 按钮，系统开始求解。具体的多载荷步施加步骤如下。

(1)输入第一个载荷步的结束时间和子步数。具体的菜单路径为 Main Menu→Solution→Load Step Opts→Time/Frequence→Time and Substep，弹出载荷步与子步选项对话框。

(2)输入多载荷步中的第一个载荷步的载荷，施加方法与单载荷步施加方法相同，如定义集中力载荷，其操作路径为 Main Menu→Solution→Define Loads→Apply→Structural→Force/Moment。

(3)保存多载荷步中的第一个载荷步文件。菜单路径为 Main Menu→Solution→Load Step Opts→Write LS File，弹出写入载荷步文件对话框，在对话框中 Load Step File Number n 项后输入载荷步文件的编号 1。

（4）再依次输入第二个载荷步的结束时间和子步数，输入第二个载荷步的载荷后存入第二载荷步文件，并在对话框中 Load Step File Number n 项后输入载荷步文件的编号 2。以此类推，按要求完成所有载荷步的设置。

（5）从载荷步文件求解。菜单路径为 Main Menu→Solution→Solve→From LS File，弹出 Solve Load Step Files 对话框，如图 7-31 所示，在对话框中输入开始载荷步和结束载荷步的编号后，单击 OK 按钮，系统开始求解。

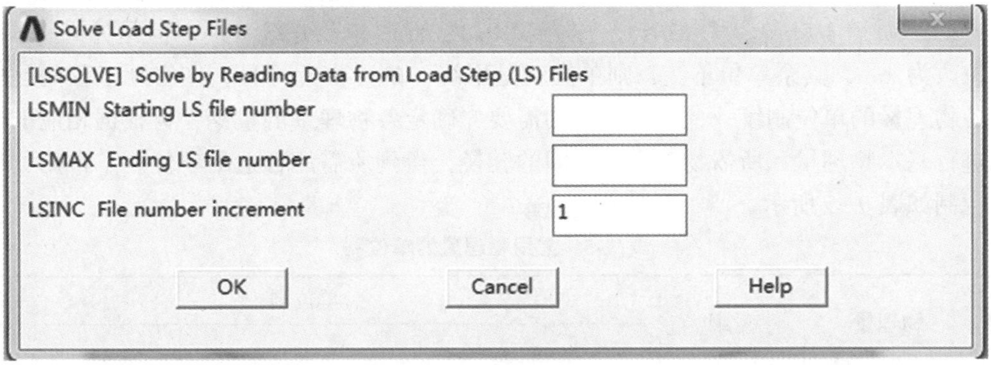

图 7-31　多载荷步设置

▶▶▶ 7.4.7　后处理器 ▶▶▶ ▶

完成求解计算后，可以通过 ANSYS 的后处理器来查看计算结果，后处理器可以处理的数据类型有基本数据和派生数据两种。其中，基本数据指每个节点求解所得的自由度解，对于结构求解为位移分量，其他类型求解还有热求解的温度、磁场求解的磁势等，这些结果项称为节点解。派生数据指根据基本数据导出的结果数据，通常是计算每个单元的所有节点、所有积分点或质心上的派生数据，所以也称为单元解。不同分析类型有不同的单元解，对于结构求解有应力和应变等，其他类型求解还有热求解有热梯度和热流量、磁场求解有磁通量等。

无论什么有限元分析软件，计算后的初始解都是节点变形量，再由节点变形量用形函数方程求出单元应力值，最后导出节点应力值。输出结果选节点还是单元不是重点，需要指出的是，网格划分越密集两者结果越接近。

ANSYS 中有通用后处理器（POST1）和时间历程后处理器（POST26）两个后处理器。

（1）通用后处理器：可以查看整个模型或者选定的部分模型在某一子步（时间步）的结果。使用这个后处理器可以查看轮廓线显示、变形形状，以及分析结果的列表。该处理器还提供许多其他的功能，包括误差估计、载荷工况组合、结果数据的计算和路径操作。通用后处理器的菜单路径为 Main Menu→General Postproc。

（2）时间历程后处理器：可用于查看有限元模型中某一点在所有时间步内的分析结果，可获得该节点结果随时间（或频率）变化的关系曲线等。时间历程后处理器的菜单路径为 Main Menu→Time Hist Postpro。

7.5 单位转换问题

在有限元分析软件中一般不规定物理量的单位，不同问题可以使用不同的单位且只需将具体问题中的各个物理量单位统一即可。但是，由于在实际工程问题中可能用到多种不同单位的物理量，因此不能只按照习惯选用常用的物理量单位，以免因物理量间的单位不统一而导致计算结果错误。比如，在结构分析中基本物理量采用如下单位制：长度 $L(\mathrm{m})$、时间 $t(\mathrm{s})$、质量 $M(\mathrm{kg})$、力 $F(\mathrm{N})$、压力 $p(\mathrm{Pa})$，此时单位是统一的。但是如果将长度 L 的单位改为 mm，其余单位不变，则单位就是不统一的。由此可见，在实际工程问题中要保证各物理量的单位制统一，若不统一则需要先确定各物理量的量纲，再根据相应的转换原则进行基本物理量和所需物理量单位间的转换，得到所需的合适的单位制。常用物理量的单位制如表 7-5 所示。

表 7-5 常用物理量的单位制

序号	物理量	量纲	单位制		
			kg-m-s	kg-mm-s	g-mm-s
1	质量	M	kg	kg	g
2	长度	L	m	mm	mm
3	时间	T	s	s	s
4	温度	Θ	K	K	K
5	面积	L^2	m^2	mm^2	mm^2
6	体积	L^3	m^3	mm^3	mm^3
7	力	LMT^{-2}	$\mathrm{N=kg \cdot m/s^2}$	$10^{-3}\mathrm{N=kg \cdot mm/s^2}$	$10^{-6}\mathrm{N=g \cdot mm/s^2}$
8	压力	$M/(L \cdot t^2)$	$\mathrm{Pa=kg/(s^2 \cdot m)}$	$\mathrm{kPa=kg/(s^2 \cdot mm)}$	$\mathrm{Pa=g/(s^2 \cdot mm)}$
9	能量、热量	$M \cdot L^2/t^2$	$\mathrm{J=kg \cdot m^2/s^2}$	$10^{-6}\mathrm{J=kg \cdot mm^2/s^2}$	$10^{-9}\mathrm{J=g \cdot mm^2/s^2}$
10	功率、热流率	$M \cdot L^2/t^3$	$\mathrm{W=J/s=kg \cdot m^2/s^3}$	$10^{-6}\mathrm{W=kg \cdot mm^2/s^3}$	$10^{-9}\mathrm{W=g \cdot mm^2/s^3}$

 ## 7.6 基于 ANSYS 软件的有限元分析举例

1. 问题描述

为了更直观地体现有限元方法和有限元分析软件间分析问题的对应关系，这里以 3.5 节中例题为例，基于 ANSYS 软件分析平面问题的有限元求解过程。

如图 7-32 所示薄板结构厚度 $t = 0.01 \mathrm{~m}$，右侧节点 3 受集中载荷 $\boldsymbol{F} = \begin{bmatrix} F_{3x} & F_{3y} \end{bmatrix}^{\mathrm{T}} = \begin{bmatrix} 2\,000\mathrm{~N} & -2\,000\mathrm{~N} \end{bmatrix}^{\mathrm{T}}$，材料弹性模量 $E = 2.0 \times 10^{11} \mathrm{~N/m^2}$，泊松比 $\mu = 0.3$，试分析薄板的变形和应力情况(本例用表 7-5 中 kg-m-s-N-Pa 为基本物理量单位)。

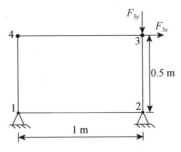

图 7-32　薄板的几何模型

书中 3.5 节基于有限元方法进行静力学计算，求解出各节点位移和节点力为

$$q = \begin{bmatrix} 0 & 0 & 0 & 0 & 0.275\,8\times10^{-5} & -0.152\,9\times10^{-5} & 0.076\,7\times10^{-5} & 0.032\,1\times10^{-5} \end{bmatrix}^{\mathrm{T}} \text{ m}$$

$$R_{1x} = \frac{E}{364}(-1.4u_4 - 0.6v_4) = -695.8 \text{ N}$$

$$R_{1y} = \frac{E}{364}(-0.7u_4 - 4v_4) = -1\,000.5 \text{ N}$$

$$R_{2x} = \frac{E}{364}(-1.4u_3 - 0.7v_3 + 1.3v_4) = -1\,304.2 \text{ N}$$

$$R_{2y} = \frac{E}{364}(-0.6u_3 - 4v_3 + 1.3u_4) = 3\,000.1 \text{ N}$$

2. 定义单元类型、单元实常数和材料属性

具体操作步骤如下。

（1）定义单元类型。单击 Main Menu→Preprocessor→Element Type→Add/Edit/Delete，弹出 Element Types 对话框，单击 Add 按钮，弹出 Library of Element Types 对话框，在左侧列表中选择 Solid 单元，在右侧列表中选择 Quad 4 node 182 单元类型，如图 7-33 所示，单击 OK 按钮。在 Element Types 对话框中单击 Options 按钮，弹出 PLANE182 element type options 对话框，在 Element behavior 下拉列表框内选择 Plane strs w/thk 选项，如图 7-34 所示，结束单元类型设置。

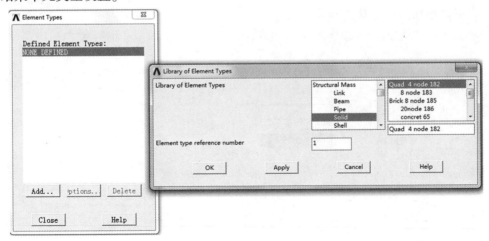

图 7-33　定义单元类型

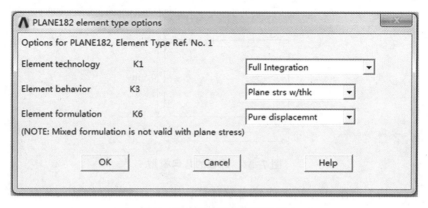

图 7-34　平面单元类型设置

（2）定义单元实常数。单击 Main Menu→Preprocessor→Real Constants→Add/Edit/Delete，弹出 Real Constants 对话框，单击 Add 按钮，弹出 Real Constant Set Number 1，for PLANE182 对话框，如图 7-35 所示，在 Thickness 文本框内输入平面厚度的数值 0.01，单击 OK 按钮，结束单元实常数设置。

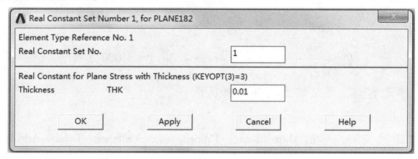

图 7-35　定义单元实常数

（3）定义材料属性。单击 Main Menu→Preprocessor→Material Props→Material Models，选择 Structural→Linear→Elastic→Isotropic 后，弹出对话框，如图 7-36 所示。表示结构材料为线弹性中的各向同性问题。在新对话框中 EX 文本框内输入弹性模量为 2.0e11，在 PRXY 文本框内输入泊松比为 0.3。

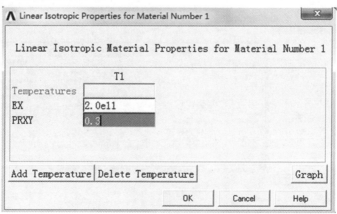

图 7-36　设定弹性模量和泊松比

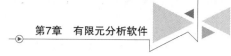

3. 创建有限元模型

(1)创建平面的各节点坐标。单击 Main Menu→Preprocessor→Modeling→Create→Node→In Active CS，弹出创建节点对话框，在 NODE Node number 框内输入节点编号1，并在 X，Y，Z Location in active CS 框内输入节点 1 的坐标值为(0，0，0)。单击对话框内的 Apply 按钮，再依次输入节点号为2、3、4对应的节点坐标值(1，0，0)、(1，0.5，0)、(0，0.5，0)，如图 7-37 所示。

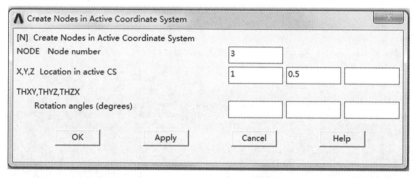

图 7-37 创建节点坐标(节点 3)

(2)创建平面单元。单击 Main Menu→Preprocessor→Create→Elements→Auto Numbered→Thru Nodes，弹出创建单元对话框，在图形窗口内依次拾取节点 1、2、4 后按下对话框内的 Apply 按钮，再在图形窗口内拾取节点 2、3、4 后按下对话框内的 OK 按钮，结束平面单元的创建。

4. 施加约束和载荷

(1)位移(自由度)约束。单击 Main Menu→Solution→Define Loads→Apply→Structural→Displacement→On nodes，弹出位移约束对话框，在图形窗口内拾取节点 1 和 2，然后在对话框中单击 OK 按钮，在 Labs 后的下拉列表框里选择 UX 和 UY，在 VALUE 后的文本框里输入数值 0 后单击 OK 按钮。位移约束后的有限元模型如图 7-38 所示。

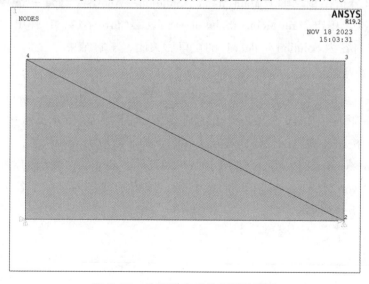

图 7-38 位移约束后的有限元模型

（2）集中力载荷。单击 Main Menu→Solution→Define Loads→Apply→Structural→Force/Moment→On Nodes，弹出施加集中力载荷对话框。在图形窗口内拾取节点 3，然后在对话框中单击 OK 按钮，在第一个下拉列表框中选择 FX，并在下面的文本框内输入数值 2000，单击 Apply 按钮。再在图形窗口内拾取节点 3，然后在对话框中单击 OK 按钮，在第一个下拉列表框中选择 FY，并在下面的文本框内输入数值–2000，如图 7-39 所示，单击 OK 按钮，完成集中力载荷的施加。

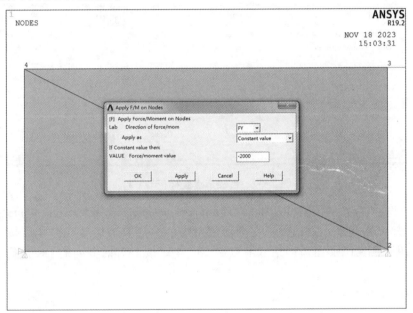

图 7-39　施加集中力载荷

5. 求解

首先，定义分析类型。单击 Main Menu→Solution→Analysis Type→New Analysis，选中 Static 选项。其次，单击 Main Menu→Solution→Solve→Current Ls，在弹出的对话框中单击 OK 按钮，出现内容为 Solution is done! 的窗口后关闭，求解结束。

6. 查看计算结果

（1）查看各节点的等效应力云图和列表信息。单击 Main Menu→General Postproc→Plot Results→Contour Plot→Nodal Solu，弹出的对话框如图 7-40 所示，从中选择 von Mises stress，单击 OK 按钮，弹出的窗口内显示了各节点的等效应力云图信息，如图 7-41 所示。单击 Main Menu→General Postproc→List Results→Nodal solution，弹出的对话框如图 7-42 所示，从中选择 von Mises stress，单击 OK 按钮，弹出的窗口内显示了各节点的等效应力列表信息，如图 7-43 所示。

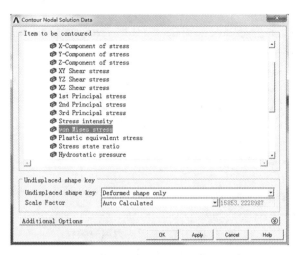

图 7-40　通用后处理器中节点数据对话框

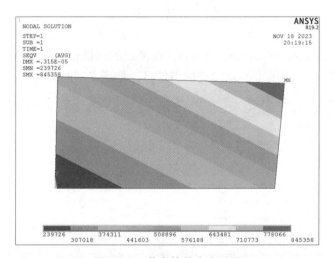

图 7-41　节点等效应力云图

图 7-41　彩图效果

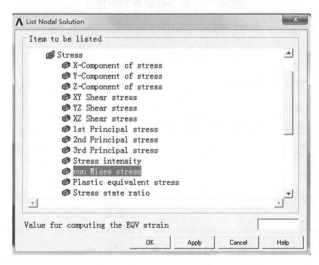

图 7-42　通用后处理器中节点列表数据对话框

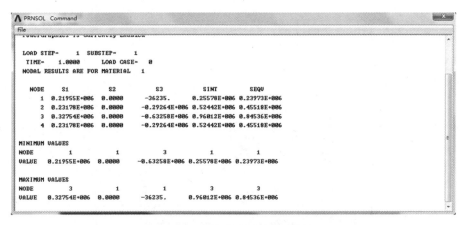

图 7-43　节点等效应力列表数据

（2）列表方式查看各节点的位移和支反力。单击 Main Menu→General Postproc→Plot Results→Contour Plot→Nodal Solu，在弹出的对话框中选择 DOF Solution 下的 Displacement vector sum，单击 OK 按钮，弹出的窗口内显示了节点的位移信息，如图 7-44 所示。单击 Unity Menu→List→Results→Reaction Solution，在弹出的对话框中选择 All struc forc F，单击 OK 按钮，弹出的窗口内显示了节点的支反力信息，如图 7-45 所示。

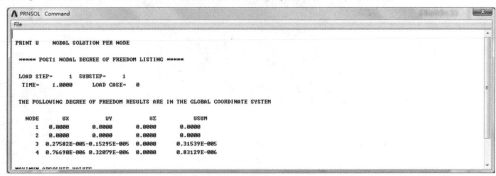

图 7-44　各节点位移列表信息

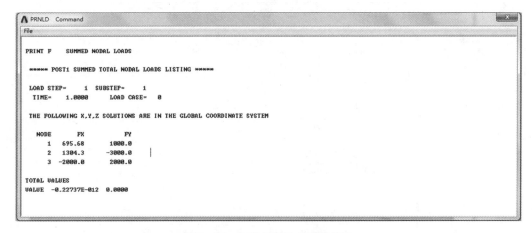

图 7-45　各节点支反力列表信息

通过对 3.5 节的例题进行有限元模拟仿真，求解出了节点位移和支反力值，下面将计算结果与理论计算结果进行对比。

例如，节点 1 的节点力理论解为 $R_{1x} = -695.8$ N，$R_{1y} = -1\,000.5$ N，通过软件模拟得到的支反力信息显示与节点力大小相等方向相反，支反力为 $F_{1x} = 695.68$ N，$F_{1y} = 1\,000.0$ N，可见其模拟解非常逼近精确解，说明两种方法计算结果相吻合。

特别地，对于复杂结构问题采用理论计算求解精确解非常困难，采用有限元分析软件求解模拟解可提高计算速度、保证准确性，但如何在兼顾计算速度和计算精度的条件下获得更优更理想的结果是有限元方法的核心目标，这与分析时模型的选择、网格的类型、网格的粗细等都密不可分。

习　题

7-1　有限元模型与几何模型的区别是什么？

7-2　有限元模型建立的方法有哪些？

7-3　网格划分的原则是什么？

7-4　应用有限元分析软件对结构施加载荷时，有哪些载荷类型？

7-5　采用 ANSYS 软件对书中例 6-2 平面刚架结构进行有限元仿真分析，并将求解的模拟仿真结果与例 6-2 中的理论计算结果进行对比。

第8章
武器结构的静力学分析实例

 8.1　静力学分析基础

　　静力学分析的基础是强度理论，它是判断材料在复杂应力状态下是否发生破坏（断裂或屈服）的理论准则。材料在外力作用下有两种不同的破坏形式：一是在不发生显著塑性变形时的突然断裂，称为脆性破坏；二是因发生显著塑性变形而不能继续承载的破坏，称为塑性破坏。破坏的原因十分复杂，而破坏问题也是武器设计的核心问题。对于单向应力状态，由于可直接做拉伸或压缩试验，通常就将用破坏载荷除以试样的横截面积而得到的极限应力（强度极限或屈服极限）作为判断材料破坏的标准。由于工程上的需要，多年来人们对材料破坏的原因提出了各种不同的假说，但这些假说都只能被某些破坏试验所证实，而不能解释所有材料的破坏现象，这些假说统称为强度理论。

　　根据材料破坏形式和材料类型，强度理论可分为第一强度理论、第二强度理论、第三强度理论和第四强度理论等几类。第一和第二强度理论多用于脆性材料的断裂破坏，第三和第四强度理论多用于塑性材料的屈服破坏。其中，第三强度理论又称为最大剪应力理论或特雷斯卡屈服准则。这一理论认为最大剪应力是引起屈服的主要因素，对于主应力状态 σ_1、σ_2、σ_3 有 $\sigma_1 > \sigma_2 > \sigma_3$，只要最大剪应力 $\tau_{\max}$ 达到单向应力状态下的屈服极限剪应力 τ_0，即 $\tau_{\max} = \dfrac{\sigma_1 - \sigma_3}{2} \geqslant \tau_0$，材料就要发生屈服破坏。第四强度理论又称为最大变形能准则。这一理论认为变形能密度是引起屈服的主要因素，在纯拉伸状态下，当满足 $\sigma_1 = \sigma_0$、$\sigma_2 = \sigma_3 = 0$ 时定义的 von Mises 主应力达到材料的屈服极限主应力 σ_0，即 $\sigma_{\mathrm{von}} = \sqrt{\dfrac{(\sigma_1 - \sigma_2)^2 + (\sigma_2 - \sigma_3)^2 + (\sigma_3 - \sigma_1)^2}{2}} \geqslant \sigma_0$，材料就要发生屈服破坏。ANSYS 软件遵循材料力学第四强度理论，在后处理部分采用 von Mises 等效应力反映了变形体模型内部的应力分布状态。

8.2　空间问题举例

▶▶▶ 8.2.1　问题分析 ▶▶▶

在对空间问题的有限元分析实例中，本节以火炮螺式炮闩的闩体结构为例对其结构进行刚强度分析。现代火炮的炮闩主要有螺式炮闩和楔式炮闩两种类型。炮闩的作用是发射时承受燃气压力，具有开闭锁、击发和抽出药筒等功能。典型的螺式炮闩结构主要由闩体和锁体等零部件组成，其中闩体是其核心零件，它是一个在锁体内可旋转的圆柱形金属杆，闩体上有一个凸起螺纹，当闩体旋转时螺纹与锁体上的凹槽啮合实现开闭闩功能。由于闩体上的凸起螺纹不连续，因此在对闩体结构进行有限元分析时不能将其简化为轴对称模型，需要构建闩体的三维实体模型。对闩体结构的强度分析属于复杂工程问题，故采用有限元方法结合 ANSYS 软件进行数值求解。

假设炮闩材料选用合金钢 PCrNi3MoVA，屈服极限为 885 MPa。根据简化力的原则，考虑主要力忽略次要力，校核闩体的应力分布及变形状况。

▶▶▶ 8.2.2　有限元模型的建立 ▶▶▶

1. 几何实体模型

1）生成平面图形

（1）创建一个矩形。菜单路径为 Main Menu→Preprocessor→Modeling→Create→Areas→Rectangle→By 2 Corners，在弹出的对话框中输入矩形的宽度和高度，生成一个矩形。

（2）对矩形进行复制操作，菜单路径为 Main Menu→Preprocessor→Modeling→Copy→Areas，弹出的对话框如图 8-1 所示。输入复制的图形个数为 16 及沿 y 轴正方向以矩形的高度为间距进行复制，生成图 8-2 所示平面图形。

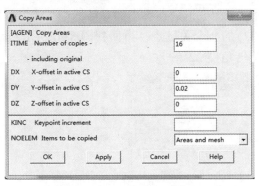

图 8-1　复制操作对话框

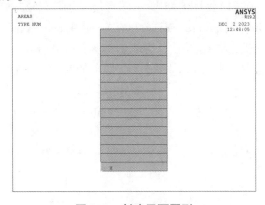

图 8-2　创建平面图形

（3）创建平面的各关键点坐标。单击 Main Menu→Preprocessor →Modeling→Create→Keypoints→In Active CS，弹出创建关键点对话框，在 NPT Keypoint number 文本框内输入关键点编号 101，并在 X，Y，Z Location in active CS 文本框内输入节点 1 的坐标值为（0.17，0.01，0），如图 8-3 所示。单击对话框内的 Apply 按钮，再依次输入节点号 102～112 对

应的节点坐标值，生成图 8-4 所示关键点。再连接各关键点，生成图 8-5 所示平面图形，菜单路径为 Main Menu→Preprocessor →Modeling→Create→Areas→Arbitrary→Through KPs。

（4）进行布尔运算。将各个平面图形进行布尔粘接操作，菜单路径为 Main Menu→Preprocessor→Modeling→Operate→Booleans→Glue→Areas，弹出对话框后单击 Pick All 按钮，即将各面粘接为一个新的平面。

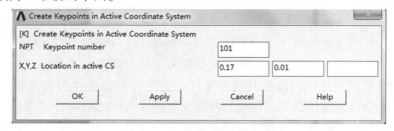

图 8-3　创建关键点对话框

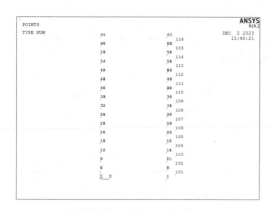

图 8-4　创建各关键点

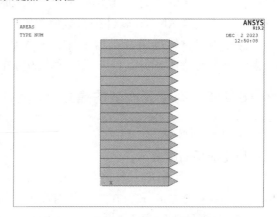

图 8-5　连接各关键点生成平面图形

2）生成部分实体模型

（1）将图 8-5 所示图形绕 y 轴旋转 22.5°。菜单路径为 Main Menu→Preprocessor→Modeling→Operate→Extrude→Areas→about Axis，拾取平面图形后在弹出的对话框中单击 Apply 按钮，再在图形上拾取坐标为（0，0）和（0，0.32）的 2 个关键点，再回到图 8-6 所示对话框中单击 Apply 按钮，在弹出的对话框中输入旋转角度 22.5。

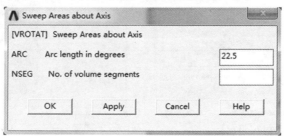

图 8-6　面绕轴线旋转对话框

（2）将图 8-2 所示图形绕 y 轴旋转-22.5°。菜单路径为 Modeling→Operate→Extrude→Areas→about Axis，拾取平面图形后在弹出的对话框中单击 Apply 按钮，再在图形上拾取坐标为（0，0）和（0，0.32）的 2 个关键点，再回到对话框中单击 Apply 按钮，在弹出的对话框中输入旋转角度-22.5。

（3）通过布尔加运算将两个旋转后的模型整合成一个新的模型，如图8-7所示，生成部分实体模型的菜单路径为 Main Menu→Preprocessor→Modeling→Operate→Booleans→Add→Volumes。

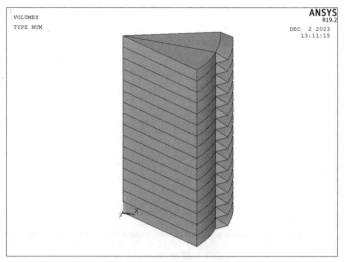

图8-7　部分实体模型

3）生成实体模型

（1）旋转工作平面。菜单路径为 Unity Menu→Workplane→Offset WP by Increments，在弹出的对话框的 XY，YZ，ZX Angles 文本框中输入（0，0，22.5），如图8-8所示，表示工作平面沿 xOz 面旋转 22.5°。

图8-8　旋转工作平面

（2）进行镜像操作。菜单路径为 Main Menu→Preprocessor→Modeling→Reflect→Volumes，在弹出的对话框内单击 Pick All 按钮，弹出图 8-9 所示对话框，选择 X-Y plane 单选按钮，单击 OK 按钮。

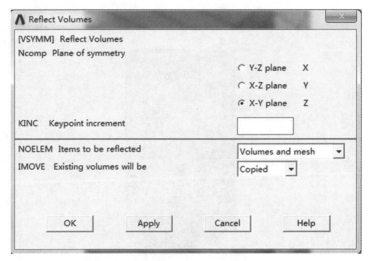

图 8-9　镜像操作对话框

（3）进行布尔加运算，将镜像后的模型整合成一个新的模型，生成 1/4 实体模型，如图 8-10 所示。

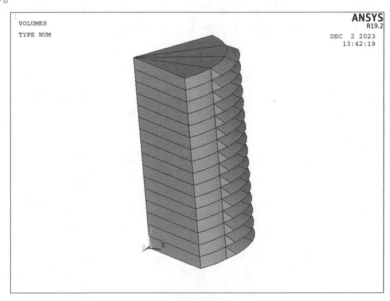

图 8-10　镜像后的 1/4 实体模型

（4）重复上述旋转工作平面、镜像操作和布尔加运算两次，不同在于旋转工作平面时分别沿 xOz 面旋转 45°和 90°，生成实体模型如图 8-11 所示。

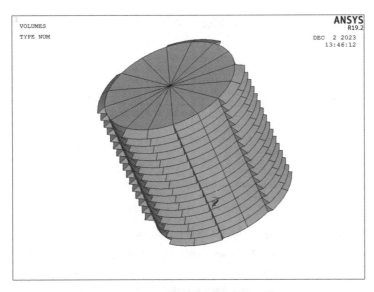

图 8-11　重复操作后的实体模型

4）生成完整实体模型

创建底盖和孔模型。其中，在创建底盖模型前先将工作平面沿 yOz 平面旋转 $90°$，菜单路径为 Unity Menu→Workplane→Offset WP by Increments，在弹出的对话框的 XY，YZ，ZX Angles 文本框中输入（0，90，0）。在创建孔模型前再将工作平面沿 z 轴方向平移 -0.4，菜单路径为 Unity Menu→Workplane→Offset WP by Increments，在弹出的对话框的 X，Y，Z Offsets 文本框中输入（0，0，-0.4），如图 8-12 所示。最后生成闩体模型如图 8-13 所示。

图 8-12　平移工作平面

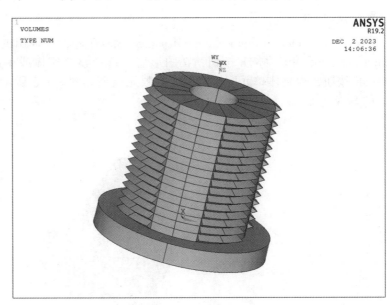

图 8-13　完整实体模型

2. 定义单元类型和材料属性

（1）设置单元类型。单击 Main Menu→Preprocessor→Element Type→Add/Edit/Delete，

弹出 Element Types 对话框，单击 Add 按钮，弹出 Library of Element Types 对话框，分别选择 Solid 和 10node 187，如图 8-14 所示。

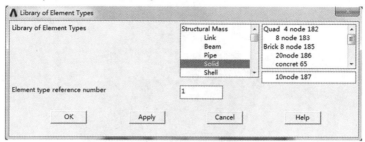

图 8-14　单元类型设置

（2）定义材料属性。单击 Main Menu→Preprocessor→Material Props→Material Models，在弹出的对话框中单击 Structural→Linear→Elastic→Isotropic，在新弹出的对话框中输入弹性模量和泊松比，如图 8-15 所示。

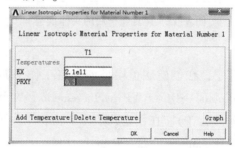

图 8-15　设置弹性模量和泊松比

3. 网格划分

单击 Main Menu→Preprocessor→Meshing→MeshTool，在弹出的对话框中选择智能划分（Smart Size），再单击 Mesh 按钮，在图形窗口选择整个实体或单击对话框中的 Pick All，单击 OK 按钮，得到体单元网格，生成有限元模型如图 8-16 所示。保存数据，单击工具条上的 SAVE_DB 或软盘图标。

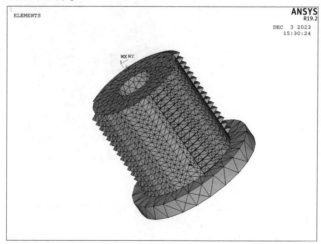

图 8-16　网格划分

▶▶▶ 8.2.3　施加载荷与求解 ▶▶▶

1. 施加位移约束

约束底盖底面的自由度。菜单路径为 Main Menu→Solution→Define Loads→Apply→Structural→Displacement→OnAreas，弹出拾取框，在 ANSYS 图形窗口中拾取面后，单击 OK 按钮，弹出施加约束对话框，在 DOFs to be constrained 栏中选择 All DOF 后，单击 OK 按钮。

2. 施加载荷

施加面载荷。具体菜单路径为 Main Menu→Solution→Define Loads→Apply→Structural→Pressure→Areas，施加载荷后的有限元模型如图 8-17 所示。

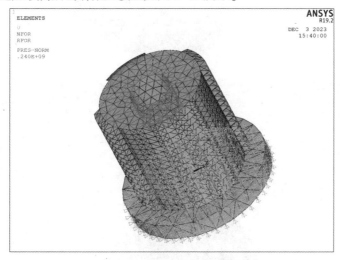

图 8-17　施加载荷后的有限元模型

3. 求解

求解的菜单路径为 Main Menu→Solution→Solve→Current LS，弹出检查信息窗口，浏览完信息并确认无误后单击 OK 按钮，系统将开始分析计算，直到弹出信息框提示 Solution is done，求解完成。

▶▶▶ 8.2.4　查看求解结果 ▶▶▶

显示结构应力云图。菜单路径为 Main Menu→General Postproc→Plot Results→Contour Plot→Nodal Solu，弹出节点解数据对话框，在 Item to be contoured 选项中选择 Nodal Solution→Stress→von Mises stress，在 Undisplaced shape key 后面的选择框中选择 Deformed shape only，在 Scale Factor 后面的选择框中选择 True Scale，单击对话框中的 OK 按钮，在 ANSYS 图形窗口中显示 von Mises 等效应力云图，如图 8-18 所示。

显示结构位移云图。菜单路径为 Main Menu→General Postproc→Plot Results→Contour Plot→Nodal Solu，弹出节点解数据对话框，在 Item to be contoured 选项中选择 Nodal Solution→DOF Solution，单击对话框中的 OK 按钮，在 ANSYS 图形窗口中显示节点的等效位移云图，如图 8-19 所示。

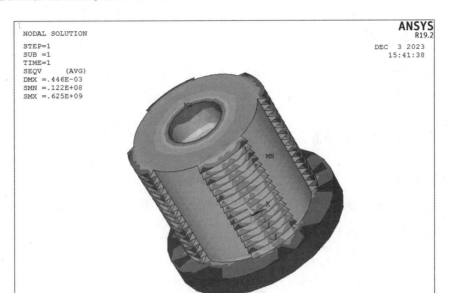

图 8-18　等效应力云图

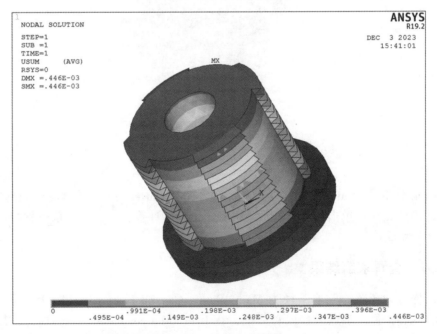

图 8-19　等效位移云图

图 8-18　彩图效果　　　　图 8-19　彩图效果

8.3　轴对称问题举例

8.3.1　问题分析 ▶▶ ▶

本节以某弹体结构的非线性弹塑性问题为例对轴对称结构进行有限元静力学分析，需要考虑发射最大膛压时弹底结构的强度问题。该弹体材料为 D60 钢，密度为 7.81 g/cm³，弹性模量为 207 GPa，泊松比为 0.3，屈服强度为 650 MPa。假设其内弹道过程承受的最大膛压为 315 MPa，试分析该弹体结构在最大膛压时弹底的应力分布状态。

弹体结构是典型的旋转体，有限元分析时可处理为二维轴对称问题。弹丸发射过程中，弹底承受火药燃气的压力逐渐挤进膛线，克服膛内阻力的同时，弹体产生沿轴向向前运动的加速度和速度。通常火药燃气达到最大膛压只有几毫秒，作用时间极短，可以假设最大膛压瞬间施加于弹体底部，而这个瞬间弹体几乎不动。因此，保守的计算分析可处理为一种静力学变形模型，即弹体四周设为夹持约束条件，弹底承受膛压作用，如同静水压力。弹体材料在这个过程中变形很小，处理为弹塑性力学行为，材料模型可选择不考虑应变率效应的双线性各向同性硬化模型，硬化模量为 2 GPa。

8.3.2　有限元模型的建立 ▶▶ ▶

1. 设置工作目录和工作文件

启动 ANSYS 软件，弹出启动界面，在 Simulation Environment 下拉列表框中选择 ANSYS 选项，在 License 下拉列表框中选择 ANSYS Multiphysics 选项，在 Job Name 文本框中输入工作文件名后单击 Run 按钮，如图 8-20 所示，进入 ANSYS 经典操作界面，如图 8-21 所示。

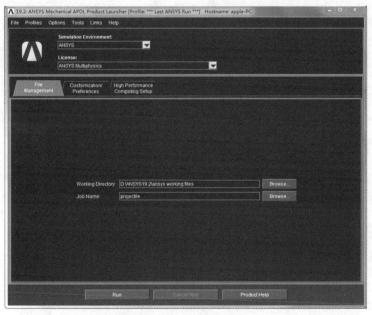

图 8-20　ANSYS 启动界面

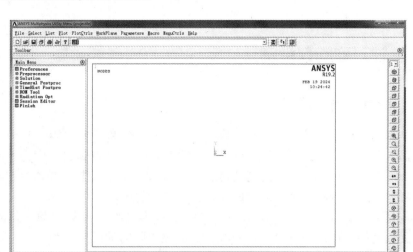

图 8-21　ANSYS 经典操作界面

2. 建立几何模型

(1)生成关键点。单击 Main Menu→Preprocessor→Modeling→Create→Keypoints→In Active CS，弹出创建关键点对话框，如图 8-22 所示；在对话框中的 NPT Keypoint number 文本框中输入关键点的编号为 1，在 X，Y，Z Location in active CS 文本框中输入该关键点对应的坐标值(0.032，0，0)，单击 Apply 按钮，依次输入其他 11 个关键点的信息后单击 OK 按钮，主界面上对应关键点信息如图 8-23 所示。

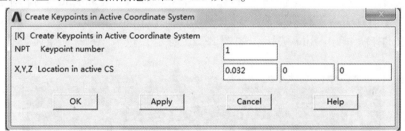

图 8-22　创建关键点对话框

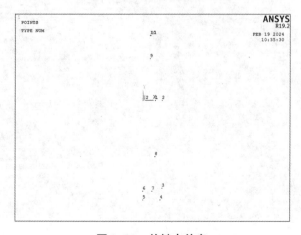

图 8-23　关键点信息

（2）生成直线。单击 Main Menu→Preprocessor→Modeling→Create→Lines→Straight line，弹出创建直线拾取对话框，依次拾取点 1、8，2、3，3、4，4、5，5、6，6、7，7、8，9、10，10、11，单击 OK 按钮。

（3）生成弧线。单击 Main Menu→Preprocessor→Modeling→Create→Lines→Arc→by End KPs & Rad，弹出创建弧线拾取对话框，如图 8-24 所示，拾取关键点 9 和关键点 1 后单击 OK 按钮，再拾取关键点 12，单击 OK 按钮后弹出弧线属性对话框，如图 8-25 所示，在 RAD Radius of the arc 文本框中输入 0.8，单击 OK 按钮生成弧线段；同样的方法，拾取关键点 11 和关键点 2 生成另一弧线段。单击 Unity Menu→ Plot→Lines，显示所有创建的线段，如图 8-26 所示。

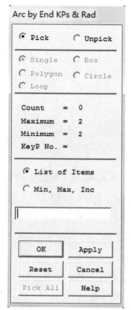

图 8-24 弧线拾取对话框

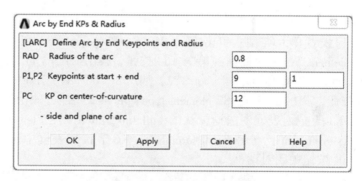

图 8-25 弧线属性对话框

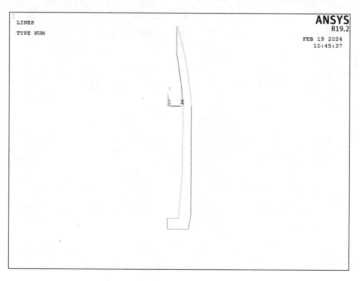

图 8-26 弹体轮廓线

（4）生成面。单击 Main Menu→Preprocessor→Modeling→Create→Areas→Arbitrary→By Lines，弹出创建面拾取对话框后在图形窗口拾取所有线，单击 OK 按钮，生成弹体半剖面模型，如图 8-27 所示。

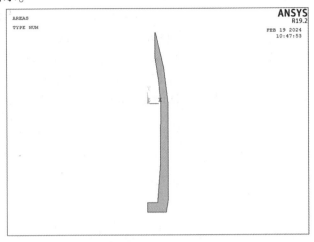

图 8-27　弹体半剖面模型

3. 设置单元类型和材料属性

（1）设置单元类型。单击 Main Menu→Preprocessor→Element Type→Add/Edit/Delete，弹出 Element Types 对话框，单击 Add 按钮，弹出 Library of Element Types 对话框，分别选择 Structural Solid 和 Quad 4 node 182，如图 8-28 所示。在 Element Types 对话框中单击 Options 按钮，弹出 PLANE182 element type options 对话框，如图 8-29 所示，在 Element technology K1 下拉列表框中选择默认的 Full Integration，在 Element behavior K3 下拉列表框中选择 Axisymmetric，在 Element formulation K6 下拉列表框中选择默认的 Pure displacement，单击 OK 按钮关闭对话框。

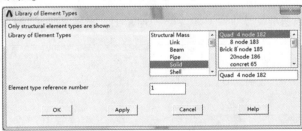

图 8-28　选择单元类型

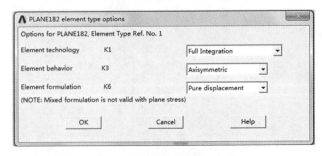

图 8-29　平面单元类型设置

（2）设置材料的非线性属性。单击 Main Menu→Preprocessor→Material Props→Material Models，弹出材料属性对话框，如图 8-30 所示。在 Material Models Available 选择框中选择 Structural→Nonlinear→Inelastic→Rate Independent→Isotropic Hardening Plasticity→Mises Plasticity→Bilinear 命令，弹出材料弹性属性对话框，如图 8-31 所示，在 EX 文本框中，输入弹性模量值为 2.07e11，在 PRXY 文本框中输入泊松比值为 0.3，单击 OK 按钮退出该对话框。材料塑性硬化属性对话框如图 8-32 所示，在 Yield Stss 文本框中输入屈服强度值 6.45e8，在 Tang Mod 文本框中输入硬化模量值 2.0e9，单击 OK 按钮退出该对话框。

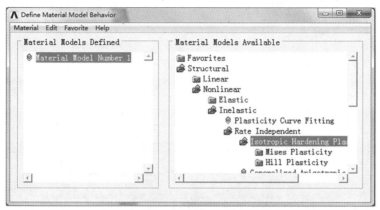

图 8-30 材料属性对话框

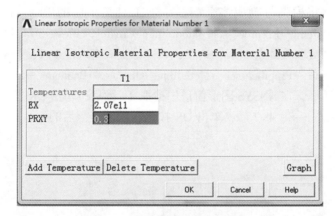

图 8-31 材料弹性属性对话框

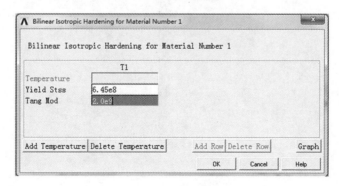

图 8-32 材料塑性硬化属性对话框

4. 网格划分

（1）显示控制。单击工具菜单中的 PlotCtrls，在下拉列表中选择 Numbering，在弹出的对话框中将 KP Keypoint numbers 和 AREA Area numbers 选择为 On 状态，其他选项为默认值，如图 8-33 所示，单击 OK 按钮后退出显示控制对话框。

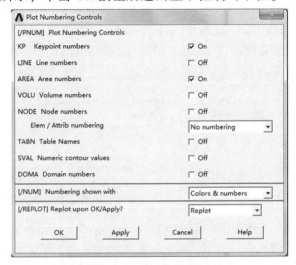

图 8-33　显示控制对话框

（2）用布尔运算将模型分割成多个面。单击工具菜单中的 Plot，在下拉列表中选择 Lines，再单击 Main Menu→Preprocessor→Modeling→Create→Lines→Straight line，弹出创建直线拾取对话框，分别拾取关键点 1、2，3、8，4、7，生成直线段 1-2、3-8、4-7，如图 8-34 所示。单击 Main Menu→Preprocessor→Modeling→Operate→Booleans→Divide→Area by line，弹出分割面拾取对话框，在 ANSYS 图形窗口中拾取 A1 面后，单击 OK 按钮，在 ANSYS 图形窗口中拾取线段 1-2、3-8、4-7 后，单击 OK 按钮，得到分割后的面，如图 8-35 所示。

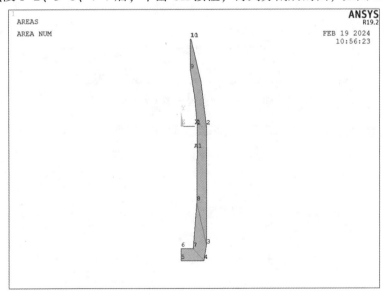

图 8-34　创建直线段

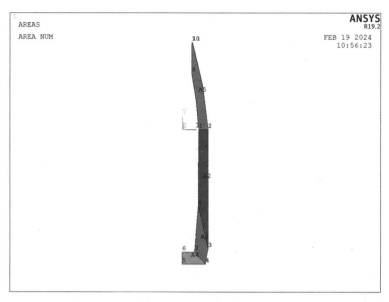

图 8-35 分割后的面

（3）设置网格尺寸。在设置网格尺寸前需要先设置单元属性。设置单元属性的具体操作路径为单击 Main Menu→Preprocessor→Meshing→Mesh Attributes→All Areas 命令，在弹出的对话框中单击 OK 按钮。再针对该模型不同位置设置粗细不同的网格以优化计算速度和精度，可采用手动划分单元数量。单击 Main Menu→Preprocessor→Meshing→MeshTool，弹出图 8-36 所示对话框，在 Size Controls 选项组的 Lines 行单击 Set 按钮，弹出拾取线对话框，拾取线段 4-5、6-7、3-4、7-8 后单击 Apply 按钮，弹出图 8-37 所示对话框，在 NDIV No. of element divisions 文本框中输入划分线段的份数为 10，单击 Apply 按钮。拾取线段 1-8、2-3、1-9、2-11 后单击 Apply 按钮，在 NDIV No. of element divisions 文本框中输入划分线段的份数为 20，单击 Apply 按钮。拾取线段 9-10，单击 Apply 按钮，在 NDIV No. of element divisions 文本框中输入划分线段的份数为 7，单击 Apply 按钮。拾取线段 10-11，单击 Apply 按钮，在 NDIV No. of element divisions 文本框中输入划分线段的份数为 1，单击 Apply 按钮。继续拾取线段 1-2、3-8、4-7、5-6，单击 Apply 按钮，在 NDIV No. of element divisions 文本框中输入划分线段的份数为 8，单击 OK 按钮。

（4）连接线段。单击 Main Menu→Preprocessor→Meshing→Concatenate→Lines，弹出连接线对话框，在 ANSYS 图形窗口中拾取线段 9-10、10-11，单击 OK 按钮。

（5）划分网格。单击 Main Menu→Preprocessor→Meshing→MeshTool，在 Mesh 栏中选择 Area，在 Shape 栏中依次选择

图 8-36 网格划分工具

Quad、Mapped，单击 Mesh 按钮后弹出选择面拾取框，单击 Pick All 按钮，忽略弹出的警告提示，得到如图 8-38 所示的面单元网格。保存数据，单击工具条上的 SAVE_DB 或软盘图标。

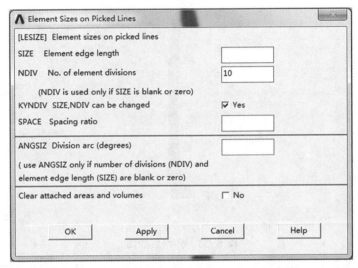

图 8-37　单元划分尺寸

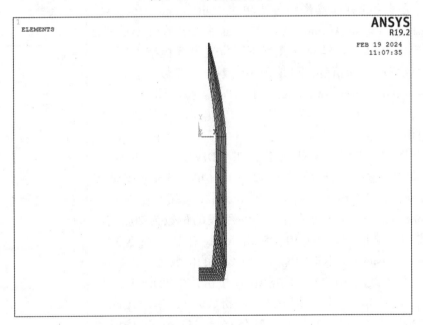

图 8-38　面单元网格

▶▶▶ 8.3.3　施加载荷与求解 ▶▶▶ ▶

1. 施加位移约束

单击 Main Menu→Solution→Define Loads→Apply→Structural→Displacement→On Lines，弹出节点拾取框，在 ANSYS 图形窗口中拾取线段 2-3 后，单击 OK 按钮，弹出施加约束对话框，如图 8-39 所示，在 DOFs to be constrained 栏中选择 ALL DOF 后，单击 OK 按钮。

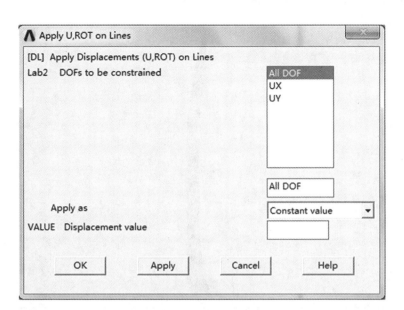

图 8-39 施加位移约束

2. 施加载荷

单击 Main Menu→Solution→Define Loads→Apply→Structural→Pressure→On Lines，弹出线拾取框，在 ANSYS 图形窗口中拾取线段 3-4、4-5 后，单击 OK 按钮，弹出施加压力载荷对话框，如图 8-40 所示，在 VALUE Load PRES value 文本框中输入 3.15e8，单击 OK 按钮，施加载荷后的有限元模型如图 8-41 所示。

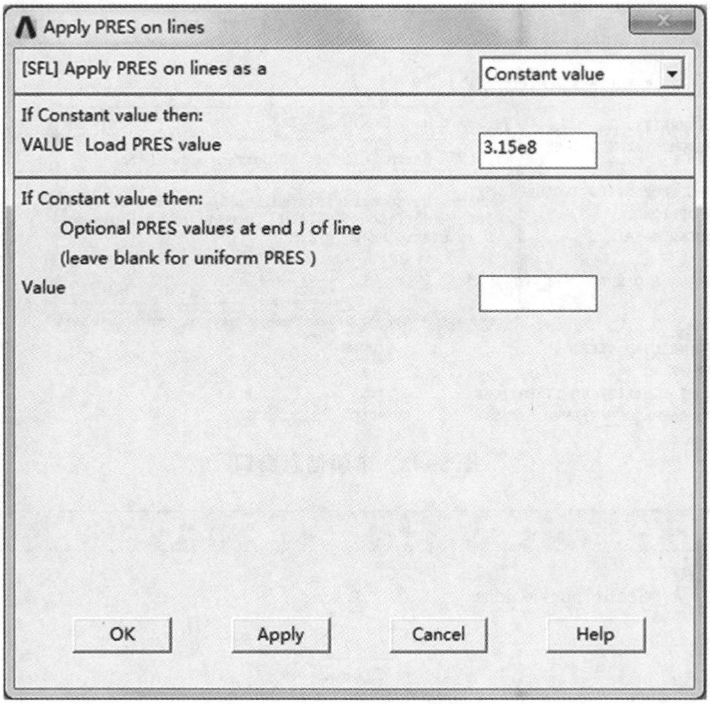

图 8-40 施加压力载荷

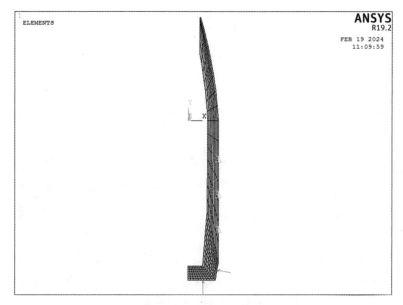

图 8-41　施加载荷后的有限元模型

3. 求解

单击 Main Menu→Solution→Solve→Current LS，弹出求解信息窗口，如图 8-42 所示，浏览完信息并确认无误后单击 OK 按钮，系统将开始分析计算，直到弹出信息框提示 Solution is done! 表示求解完成，如图 8-43 所示，单击 Close 按钮关闭对话框。

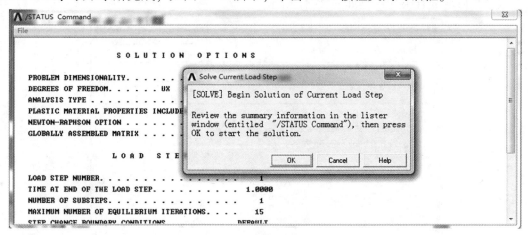

图 8-42　求解信息窗口

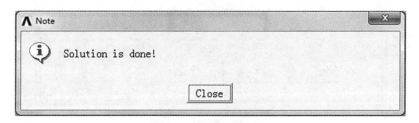

图 8-43　求解完成

▶▶▶ 8.3.4 查看求解结果 ▶▶ ▶

显示结构应力云图。单击 Main Menu→General Postproc→Plot Results→Contour Plot→ Nodal Solu,弹出节点解数据对话框,如图 8-44 所示。在 Item to be contoured 选项组中选择 Nodal Solution→Stress→von Mises stress,在 Undisplaced shape key 下拉列表框中选择 Deformed shape only,在 Scale Factor 下拉列表框中选择 True Scale,单击对话框中的 OK 按钮,在 ANSYS 图形窗口中显示 von Mises 等效应力云图,如图 8-45 所示。

显示结构应变云图。单击 Main Menu→General Postproc→Plot Results→Contour Plot→ Nodal Solu,弹出节点解数据对话框,在 Item to be contoured 选项组中选择 Nodal Solution→ Plastic Strain→Equivalent plastic strain,单击对话框中的 OK 按钮,在 ANSYS 图形窗口中显示节点的等效应变云图,如图 8-46 所示。

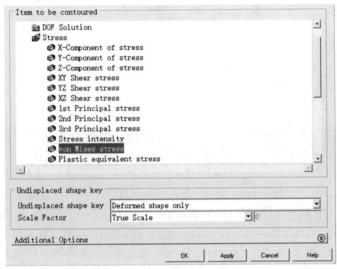

图 8-44 节点解数据对话框

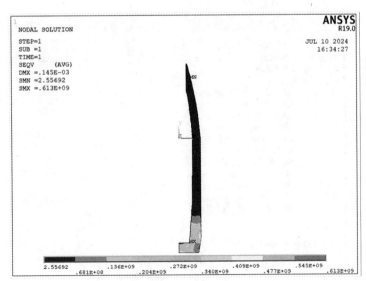

图 8-45 节点等效应力云图

图 8-45 彩图效果

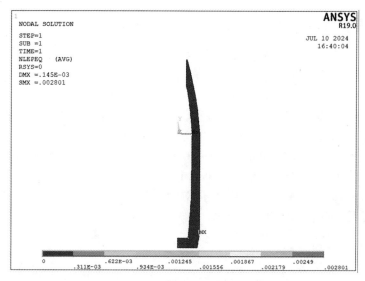

图 8-46 节点等效应变云图　　图 8-46 彩图效果

　　以列表数据方式显示结果。列出节点上的应力值，单击 Main Menu→General Postproc→List Results→Nodal Solution，弹出节点解列表对话框，如图 8-47 所示，在 Item to be listed 选项组中选择 Stress→von Mises stress，单击 OK 按钮，得到各单元节点的主应力、应力强度和 von Mises 等效应力的数据，如图 8-48 所示。

　　以扩展方式显示结果。为更直观地观察计算结果，采用扩展模型显示的方式单击 Utility Menu→PlotCtrls→Style→Symmetry Expansion→2D Axi-Symmetric，弹出二维轴对称扩展选项框，如图 8-49 所示，选择 3/4 expansion 单选按钮，单击 OK 按钮。显示扩展后的节点等效应力云图，单击 Main Menu→General Postproc→Plot Results→Contour Plot→Nodal Solu，弹出节点解数据对话框，在 Item to be contoured 选项组中选择 Nodal Solution→Stress→von Mises stress，单击 OK 按钮，在 ANSYS 图形窗口中显示出扩展后的 von Mises 等效应力的彩色云图，如图 8-50 所示。

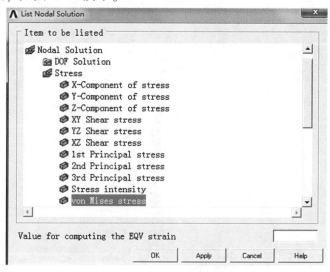

图 8-47 节点解列表对话框

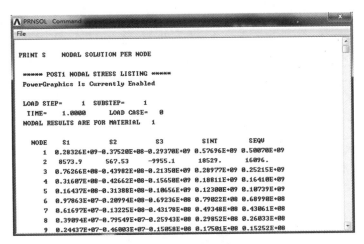

图 8-48 节点应力列表数据

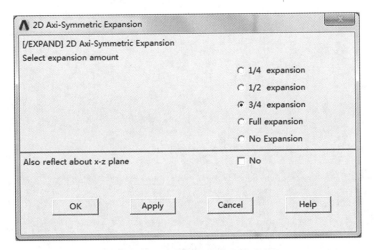

图 8-49 二维轴对称扩展选项框

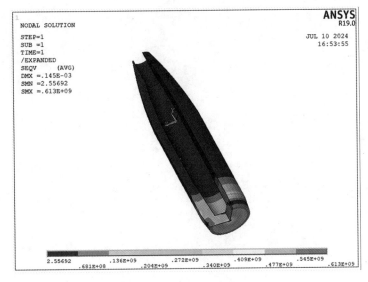

图 8-50 扩展后节点等效应力云图

图 8-50 彩图效果

习 题

8-1　说明有限元分析与强度理论间的关系。

8-2　讨论 8.2.1 节的实例模型，在网格划分时改用设置网格尺寸的手动划分方式，利用 ANSYS 软件进行有限元分析，比较求解结果与文中实例采用智能划分方式的求解结果是否一致，为什么？

参 考 文 献

[1] 韩清凯, 孙伟, 王伯平, 等. 机械结构有限单元法基础[M]. 北京: 科学出版社, 2013.

[2] 韩清凯, 孙伟. 弹性力学及有限单元法基础教程[M]. 沈阳: 东北大学出版社, 2009.

[3] 廖日东. 弹性力学基础[M]. 北京: 北京理工大学出版社, 2021.

[4] 关玉璞, 陈伟, 崔海涛. 航空航天结构有限元法[M]. 哈尔滨: 哈尔滨工业大学出版社, 2009.

[5] 曾攀. 有限元分析及应用[M]. 北京: 清华大学出版社, 2004.

[6] 曾攀. 工程有限单元方法[M]. 北京: 科学出版社, 2010.

[7] 李世芸, 肖正明. 弹性力学及有限元[M]. 北京: 机械工业出版社, 2015.

[8] 赵均海, 汪梦甫. 弹性力学及有限元[M]. 武汉: 武汉理工大学出版社, 2008.

[9] 刘怀恒. 结构及弹性力学有限元法[M]. 西安: 西北工业大学出版社, 2007.

[10] 梁醒培, 王辉. 应用有限元分析[M]. 北京: 清华大学出版社, 2010.

[11] 朱伯芳. 有限单元法原理与应用[M]. 北京: 水利电力出版社, 1979.

[12] 徐芝纶. 弹性力学简明教程[M]. 北京: 高等教育出版社, 2002.

[13] 朱伯芳. 有限单元法原理与应用[M]. 3版. 北京: 中国水利水电出版社, 2009.

[14] 刘超, 刘晓娟. 有限元分析与ANSYS实践教程[M]. 北京: 机械工业出版社, 2016.

[15] 赵经文, 王宏钰. 结构有限元分析[M]. 北京: 科学出版社, 2001.

[16] 张文治, 韩清凯, 刘亚忠, 等. 机械结构有限元分析[M]. 哈尔滨: 哈尔滨工业大学出版社, 2006.

[17] 王云海, 王方磊, 茹原芳, 等. 飞机有限元基础理论与方法[M]. 北京: 北京航空航天大学出版社, 2022.

[18] 张雄. 有限元法基础[M]. 北京: 高等教育出版社, 2023.

[19] 尹飞鸿. 有限元法基本原理及应用[M]. 2版. 北京: 高等教育出版社, 2018.

[20] CAD/CAM/CAE技术联盟. ANSYS 2020有限元分析从入门到精通[M]. 北京: 清华大学出版社, 2020.

[21] 张洪信, 管殿柱. 有限元基础理论与ANSYS 18.0应用[M]. 北京: 机械工业出版社, 2018.

[22] 王胜永. ANSYS有限元理论及基础应用[M]. 北京: 机械工业出版社, 2020.

[23] 梁清香, 张伟伟, 陈慧琴, 等. 有限元原理与程序可视化设计[M]. 北京: 清华大学出版社, 2019.